蒋栋年　著

非线性系统故障
可诊断性评价与诊断方法

清华大学出版社
北京

内 容 简 介

随着新技术的迅速发展,非线性已成为现代工程系统的主要特征,而安全可靠亦为现代系统期许的本征性能。探索有效提高系统的故障可诊断性及故障诊断的准确率,从而降低事故风险,成为亟待解决的关键性科学问题,这也是本项研究的初衷。本书分上、中、下三篇,以非线性系统故障诊断的前提,即故障可诊断性评价为切入点,开展了非线性系统的故障诊断方法研究,并以电源车系统为研究对象,进行了应用研究。

本书适合作为控制科学与工程学科研究生和自动化专业本科生的教科书,也可作为从事故障诊断及相关领域的科研工作者的参考书。

图书在版编目(CIP)数据

非线性系统故障可诊断性评价与诊断方法/蒋栋年著. —北京:清华大学出版社,2024.3
ISBN 978-7-302-65764-4

Ⅰ. ①非…　Ⅱ. ①蒋…　Ⅲ. ①非线性系统(自动化)－故障诊断－研究　Ⅳ. ①TP271

中国国家版本馆 CIP 数据核字(2024)第 056269 号

责任编辑:陈凯仁
封面设计:常雪影
责任校对:薄军霞
责任印制:杨　艳

出版发行:清华大学出版社
　　网　　　址:https://www.tup.com.cn,https://www.wqxuetang.com
　　地　　　址:北京清华大学学研大厦 A 座　　　　　邮　　编:100084
　　社　总　机:010-83470000　　　　　　　　　　　邮　　购:010-62786544
　　投稿与读者服务:010-62776969,c-service@tup.tsinghua.edu.cn
　　质量反馈:010-62772015,zhiliang@tup.tsinghua.edu.cn
印　装　者:涿州汇美亿浓印刷有限公司
经　　　销:全国新华书店
开　　　本:170mm×240mm　　印　张:12.75　　插　页:7　　字　　数:273 千字
版　　　次:2024 年 4 月第 1 版　　　　　　　　　　印　次:2024 年 4 月第 1 次印刷
定　　　价:79.00 元

产品编号:103646-01

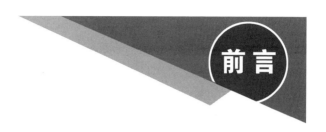

伴随着现代工程技术的长足发展,系统规模的不断扩大,集成化和复杂化程度的日益增强,系统一旦发生故障,损失难以估量,加之人们对系统高安全、稳定性的需求,以及对系统经济、高效运行的期待,使得复杂的系统故障诊断这一后系统事件亟待前移至系统的设计阶段,而作为故障诊断研究基础的故障可诊断性评价,也亟须从较为粗放的定性评价提升到更为精细的定量评价上来。然而,如何在系统设计之初就将故障诊断纳入其中,如何通过精准的故障可诊断性评价结果达到安全高效的系统设计目标,都是传统的系统故障诊断研究所面临的挑战。

研究表明,故障可诊断性低是导致系统事故的主要原因之一,即可测信息不足以为迅速、可靠的检测系统故障做支撑。对于故障可诊断性的研究,传统的方法大都是在故障发生之后且集中于定性研究,既无法量化明确故障可诊断性的真实水平,又难以改造提升。因此,探索如何在设计阶段(故障发生之前)就能了解系统的故障可诊断性能,如何在设计阶段通过传感器优化配置使系统具有较高的故障诊断能力,又如何选取适当的方法对系统进行有效的故障诊断,这些问题亟须提上日程。着眼于上述问题,本书展开了如下工作。

1) 非线性系统故障可诊断性量化评价方法

针对非线性系统故障可诊断性量化评价缺失的问题,以 KL 散度(kullback-leibler divergence)算法为基础,充分考虑扰动、噪声等不确定性因素对评价结果准确性的影响,以稀疏内核密度估计与蒙特卡洛方法为有益补充,通过对单一故障或不同故障情况下概率密度函数的相似度和差异度计算,给出对非线性系统故障进行准确量化评价的求解方法和步骤,并进行满足故障可诊断性评价指标的测量噪声可行域分析,为系统进一步开展故障可诊断性设计和故障诊断奠定了基础。

2) 非线性系统故障可诊断性设计方法

为了增广系统的测量信息,提高系统的故障可诊断性评价指标,综合运用贪心算法进行测点传感器的优化设计,并借助核偏最小二乘(kernel partial least squares,KPLS)方法构建软传感器,实现以软代硬的测点传感器设计。通过测点信息的优化配置,使得系统达到满足故障可诊断性的基本要求,从而将系统的故障诊断性能作为系统的本征需求纳入系统设计之初,为提高系统的安全水平提供有效的途径。

3）基于故障可诊断性量化评价的传感器优化配置方法

为了对测点传感器进行优化配置，设计以量化评价为主，兼顾可靠性、经济性等优化目标的传感器优化配置模型。从量化角度运用非线性动态规划和改进的NSGA-Ⅱ算法使传感器优化配置过程更为高效，为现实中高品质低成本的系统运行提供可借鉴的方法和参考依据。

4）基于模型的非线性系统故障诊断方法

在满足故障可诊断性评价指标的基础上，设计了一种基于粒子滤波的故障检测和分离方法，通过引入对数似然和作为评价指标，可以实现对故障的有效检测和分离。同时，还提出了一种基于残差统计特性分析的自适应阈值设计方法，在不依赖系统机制和数学模型的情况下，可有效降低故障诊断的漏报率和误报率。

5）基于数据驱动方法的非平稳过程故障检测研究

采用模式适配度方法确定无故障时系统残差概率密度函数的分类数，并以此为前提运用 K 均值（K-means）算法对残差数据进行聚类；进而借助 KL 散度算法，在线计算系统实时数据与离线数据残差概率密度函数的距离差异度，通过对具有多模式运行系统的非平稳残差过程的分类评价进行故障检测。

6）基于电源车系统的故障诊断方法应用研究

以电源车系统为应用对象，从传感器时间和空间的角度出发，基于时间相关建立时间序列预测模型，通过阈值的选取和引入 KL 散度实现了传感器的故障检测，然后引入注意力机制，再次提高了传感器故障检测能力。基于空间相关建立传感器数据重构模型，通过互信息熵的引入和改进，实现了传感器的数据重构，同时又引入注意力机制，将互信息熵与注意力机制结合，有效地提高了传感器数据重构的精度，最终提升了电源车远程运行的安全性和可靠性。

根据本书的研究脉络，本书以三篇 12 章的内容进行了组织安排，其具体的研究内容如下。

第 1 章：以非线性系统故障可诊断性评价及诊断方法的研究意义和背景为出发点，对与本研究内容相关的国内外研究现状进行了全面的综述，并总结了目前的研究成果和本课题相关领域存在的核心问题与挑战。

第 2 章：设计了一种非线性系统故障可检测性和可隔离性的量化评价方法。采用 KL 散度算法，并借助稀疏内核密度估计和蒙特卡洛计算方法，从而实现了非线性系统故障可诊断性的量化评价。

第 3 章：设计了一种提升非线性系统故障可诊断性评价水平的设计方法，将系统故障可诊断性设计作为系统的本征需求纳入系统设计之初，为提高系统的故障可诊断性水平提供有效的途径。

第 4 章：考虑到系统设计时经济条件和系统复杂度等因素的制约，在保障系统具备故障可诊断性的前提下，以系统故障可诊断性量化评价指标为基础，给出传感器优化配置的几种方法。

第 5 章：设计了一种基于数据驱动的传感器可重构性量化评价方法，借助软测量方法重构可靠性下降的传感器，提出一种运用量化指标来评价重构能力的方法，进一步提升了系统的故障诊断能力和容错能力。

第 6 章：在深度分析了系统的残差特性并得出其统计规律的基础上，设计了一种基于自适应阈值的粒子滤波算法的非线性系统故障诊断方法，实现了非线性系统的可靠故障诊断。

第 7 章：以 KL 散度算法为基础，借助数据驱动技术，通过对具有多模式运行系统的非平稳残差过程的分类评价，并在运用 K 均值算法对残差数据进行聚类的基础上，设计了一种非平稳过程的故障检测方法。

第 8 章：借助高斯混合分布模型对残差数据进行了建模，基于此，运用 KL 散度算法，进行了微小故障的诊断和幅值估计。该方法的提出进一步拓宽了微小故障诊断的外延，为保障系统的安全运行提供有力支撑。

第 9 章：提出了一种基于混合信息熵约束下的电源车传感器优化配置方法，量化评价指标主要包括故障可诊断性评价指标和传感器之间的冗余度评价指标。其中，故障可诊断性评价的方法选用了基于信息值的方法，即通过衡量故障影响下传感器残差后验概率值的变化，来获取传感器集合信息值的变化，以此为依据得到使得电源车故障序列可被检测的传感器配置集合。同时对传感器之间存在的冗余信息，采用传递熵方法进行评价，在得到传感器之间的冗余度的同时，获取信息传递的因果关系。最后，通过多个量化指标约束下的多目标优化配置方法获得传感器配置数量和位置的最优解。

第 10 章：在电源车传感器的故障检测问题上，首先，针对目前存在电源车传感器时间序列预测模型的时间依赖性，将考虑新旧数据对模型的影响，引入了一种对新旧数据具有选择机制的极限学习机建立电源车传感器时序预测模型。其次，通过对无故障传感器输出数据的分析，确立传感器的故障检测阈值，最后利用所建立的时间序列预测模型进行传感器的故障检测。与此同时，将改进后的 KL 散度引入 Bi-LSTM 网络，从相似度度量的角度进行传感器的故障检测，进而弥补由于阈值选取所引起的传感器故障检测能力低等问题。

第 11 章：为了保证电源车传感器的故障容错能力，需对故障传感器的失效数据进行重构。通过考虑电源车传感器之间的空间相关性，首先引入信息熵理论量化评价传感器所含信息值，然后借助改进后的互信息熵理论量化评价传感器之间的空间相关性，在量化评价的基础上对次要特征进行剔除，进而利用机器学习算法开展传感器的数据重构。

第 12 章：在实现传感器故障检测和数据重构的基础上，为了应对不断增长的传感器输出数据及计算精度的下降，在考虑传感器时间相关的基础上，引入注意力机制以区分所提取的不同特征，提升关键特征对模型输出的影响力，降低次要特征对模型预测输出的干扰,建立一种注意力机制下的传感器故障检测和数据重构模型并验证其有效性。

　　本书的研究内容得到了国家自然科学基金项目(项目编号:61763027)和甘肃省杰出青年基金项目(项目编号:20JR10RA202)的支持,在本书出版之际,特此鸣谢!

　　由于作者理论水平有限及研究工作的局限性,特别是故障诊断技术本身正处于不断的发展中,书中难免有一些不足和错误,恳请广大读者批评指正。

作　者

2023 年 7 月于兰州

目录

上篇　非线性系统故障可诊断性量化评价与设计

第1章　绪论 ……………………………………………………………… 3

1.1　故障可诊断性评价及诊断方法研究的意义 …………………………… 3

1.2　非线性系统故障诊断研究现状 ………………………………………… 5

　　1.2.1　故障可诊断性 ………………………………………………… 5

　　1.2.2　基于故障可诊断性评价的传感器优化配置 ……………… 7

　　1.2.3　非线性系统故障诊断方法 …………………………………… 8

1.3　存在的问题与不足 ……………………………………………………… 10

1.4　本章小结 ………………………………………………………………… 11

　　参考文献 ………………………………………………………………… 11

第2章　非线性系统故障可诊断性量化评价方法 ……………………… 18

2.1　引言 ……………………………………………………………………… 18

2.2　问题描述 ………………………………………………………………… 19

2.3　基于KL散度的故障可诊断性量化评价 ……………………………… 20

　　2.3.1　KL散度定义 ………………………………………………… 20

　　2.3.2　故障可诊断性量化评价基本原理 ………………………… 20

　　2.3.3　基于SKDE的概率密度函数估计 ………………………… 22

　　2.3.4　基于蒙特卡洛方法的非线性函数估计 …………………… 23

2.4　故障可诊断性评价指标约束下的数据测量噪声可行域分析 ……… 23

　　2.4.1　不同测量噪声域下的残差数据分析 ……………………… 24

　　2.4.2　故障可检测性指标约束下的测量噪声可行域分析 ……… 25

　　2.4.3　故障可分离性指标约束下的测量噪声可行域分析 ……… 26

2.5　基于可诊断性评价的非线性系统故障检测 …………………………… 27

　　2.5.1　基于KL散度的故障检测 …………………………………… 27

　　　　2.5.2　故障漏报率和误报率分析 ·················· 27

　　　　2.5.3　阈值的优化选取 ························· 29

　　2.6　仿真研究与结果分析 ····························· 29

　　　　2.6.1　仿真对象描述 ·························· 29

　　　　2.6.2　不同故障模式下残差概率密度函数估计 ········· 31

　　　　2.6.3　故障可诊断性量化评价结果分析 ············· 32

　　　　2.6.4　测量噪声对故障可诊断性量化评价的影响 ······· 33

　　　　2.6.5　测量噪声的可行域仿真分析 ················ 33

　　　　2.6.6　微小故障下的测量噪声的可行域分析 ·········· 35

　　　　2.6.7　基于可诊断性评价结果的故障检测 ··········· 36

　　2.7　本章小结 ································· 37

　　参考文献 ··································· 38

第 3 章　非线性系统故障可诊断性设计方法 ··················· 40

　　3.1　引言 ·································· 40

　　3.2　故障可诊断性评价分析 ···························· 41

　　　　3.2.1　评价原理分析 ·························· 41

　　　　3.2.2　故障可诊断性定量评价原理分析 ············· 43

　　3.3　故障可检测性设计 ····························· 44

　　　　3.3.1　故障可检测性设计原理分析 ················ 44

　　　　3.3.2　基于贪心算法的系统测点设计 ·············· 45

　　　　3.3.3　以软代硬的软传感器设计 ················· 47

　　3.4　故障可分离性设计 ····························· 48

　　　　3.4.1　故障可分离性分析及测点配置 ·············· 48

　　　　3.4.2　基于故障自身属性的故障可分离性设计 ········· 50

　　3.5　案例仿真研究 ······························· 51

　　　　3.5.1　水轮机调速器控制系统 ·················· 51

　　　　3.5.2　水轮机调速器故障可检测性设计 ············· 52

　　　　3.5.3　水轮机调速器故障可分离性设计 ············· 54

　　3.6　本章小结 ································· 54

　　参考文献 ··································· 55

第 4 章　基于故障可诊断性量化评价的传感器优化配置方法 ········· 56

　　4.1　引言 ·································· 56

　　4.2　问题描述 ································· 57

　　　　4.2.1　通过实例引出问题 ····················· 57

　　　　4.2.2　定性评价下的最小传感器集合 ·················· 57

　　　　4.2.3　传感器配置过程中面临的问题 ·················· 58

　　4.3　基于故障可诊断性量化评价的传感器优化配置 ·················· 58

　　　　4.3.1　最小传感器集合下的系统故障可诊断性分析 ··········· 58

　　　　4.3.2　传感器的优化配置问题 ·················· 60

　　4.4　基于动态规划的故障诊断系统传感器优化配置算法 ·········· 60

　　4.5　软传感器设计 ·················· 61

　　4.6　测点传感器多目标优化配置 ·················· 62

　　　　4.6.1　测点传感器优化配置中的约束函数 ·················· 62

　　　　4.6.2　测点传感器优化配置中的目标函数 ·················· 64

　　　　4.6.3　改进的 NSGA-Ⅱ优化算法 ·················· 65

　　4.7　案例仿真研究 ·················· 67

　　　　4.7.1　仿真案例 1：非线性系统数值仿真 ·················· 67

　　　　4.7.2　仿真案例 2：车辆电源系统 ·················· 69

　　4.8　本章小结 ·················· 74

　　参考文献 ·················· 75

第 5 章　基于数据驱动的传感器可重构性评价方法 ·················· 76

　　5.1　引言 ·················· 76

　　5.2　问题描述 ·················· 78

　　　　5.2.1　捷联惯性导航系统 ·················· 78

　　　　5.2.2　面临问题 ·················· 79

　　5.3　基于 KL 散度的传感器可重构性量化评价 ·················· 80

　　　　5.3.1　基于 KPLS 方法的传感器解析冗余分析 ·················· 80

　　　　5.3.2　基于 KL 散度进行可重构性量化评价的基本原理 ········· 82

　　5.4　可重构性量化评价阈值的优化选取 ·················· 83

　　　　5.4.1　错分率和漏分率分析 ·················· 83

　　　　5.4.2　阈值的优化选取 ·················· 84

　　5.5　仿真研究与结果分析 ·················· 84

　　5.6　本章小结 ·················· 88

　　参考文献 ·················· 89

中篇　非线性系统故障诊断方法

第 6 章　基于自适应阈值的粒子滤波算法的非线性系统故障诊断方法 ········· 93

　　6.1　引言 ·················· 93

6.2 问题描述 ･･････････････････････････････････････ 94

6.3 粒子滤波算法 ････････････････････････････････ 95

6.4 故障诊断方法设计 ････････････････････････････ 96

    6.4.1 故障检测 ･･･････････････････････････････ 96

    6.4.2 自适应阈值设计 ･････････････････････････ 97

    6.4.3 故障隔离 ･･･････････････････････････････ 98

    6.4.4 故障误报率和漏报率 ･････････････････････ 99

6.5 仿真研究与结果分析 ･･････････････････････････ 99

6.6 本章小结 ･･･････････････････････････････････ 103

参考文献 ･･･････････････････････････････････････ 103

第7章 基于数据驱动残差评价策略的故障检测方法 ･･･････････ 104

7.1 引言 ･･･････････････････････････････････････ 104

7.2 多模式运行系统的故障检测方法描述 ･･･････････ 105

7.3 基于数据驱动方法的故障检测 ･･････････････････ 107

    7.3.1 KL 散度算法的改进 ･････････････････････ 107

    7.3.2 基于 KL 散度的故障检测 ･･････････････････ 108

    7.3.3 基于自学习方法的 K 值确定 ･･･････････････ 108

    7.3.4 残差的聚类 ･････････････････････････････ 110

7.4 基于故障误报率和漏报率的阈值优化 ･･･････････ 111

    7.4.1 误报率与漏报率计算 ･････････････････････ 111

    7.4.2 阈值的优化选取 ･････････････････････････ 112

7.5 仿真研究与结果分析 ･･････････････････････････ 112

    7.5.1 仿真对象描述 ･･･････････････････････････ 112

    7.5.2 残差特性分析 ･･･････････････････････････ 113

    7.5.3 故障检测 ･･･････････････････････････････ 114

7.6 本章小结 ･･･････････････････････････････････ 115

第8章 基于高斯混合分布的微小故障诊断和幅值估计方法 ･･･････ 117

8.1 引言 ･･･････････････････････････････････････ 117

8.2 理论基础 ･･･････････････････････････････････ 118

    8.2.1 故障建模 ･･･････････････････････････････ 118

    8.2.2 GMM 的概率密度函数估计 ･････････････････ 119

    8.2.3 基于 GMM 的 KL 散度定义 ････････････････ 120

8.3 基于 KL 散度的微小故障诊断 ･･････････････････ 121

    8.3.1 故障检测和故障分离 ･････････････････････ 121

8.3.2　阈值设计 ·· 121

8.4　基于 KL 散度的故障幅值估计 ··· 122

8.5　仿真分析 ··· 124

8.5.1　仿真对象描述 ·· 124

8.5.2　微小故障下的残差数据分析 ······································ 124

8.5.3　微小故障诊断 ·· 126

8.5.4　故障幅值估计 ·· 127

8.6　本章小结 ··· 129

参考文献 ··· 129

下篇　故障可诊断性评价及诊断方法在电源车系统中的应用

第 9 章　混合信息熵约束下的电源车传感器优化配置方法 ············· 133

9.1　引言 ··· 133

9.2　基于传感器信息值的故障可诊断性量化评价 ····················· 135

9.2.1　传感器信息值理论 ·· 135

9.2.2　基于传感器信息值的故障可诊断性量化评价 ················ 136

9.3　基于传递熵的传感器冗余度评价 ····································· 139

9.4　传感器的多目标优化过程 ·· 140

9.5　仿真实验分析 ·· 141

9.5.1　电源车系统和常见故障描述 ······································ 141

9.5.2　电源车故障可诊断性量化评价 ·································· 143

9.5.3　电源车传感器的多目标优化配置 ······························· 145

9.6　本章小结 ··· 146

参考文献 ··· 146

第 10 章　基于时间相关性的电源车传感器故障检测方法 ············· 149

10.1　引言 ·· 149

10.2　基于 SF-ELM 的电源车传感器故障检测方法 ·················· 150

10.2.1　极限学习机相关理论 ·· 150

10.2.2　基于 SF-ELM 的时间序列预测模型建立 ·················· 151

10.2.3　基于时间序列预测模型的传感器故障检测 ················· 152

10.3　基于改进 KL-Bi-LSTM 模型下的传感器故障检测方法 ······ 153

10.3.1　长短时记忆网络的相关理论 ····································· 154

10.3.2　双向长短时记忆网络时间序列预测模型的建立 ············ 155

10.3.3　基于改进 KL 散度的传感器故障检测 ······················ 157

10.4   仿真实验与结果分析 ·· 160
        10.4.1   电源车简介 ··· 160
        10.4.2   基于时间序列预测模型的电源车传感器故障检测 ······· 161
        10.4.3   基于改进 KL-Bi-LSTM 模型下的传感器故障检测 ······· 165
10.5   本章小结 ·· 167
参考文献 ··· 167

第 11 章   基于空间相关性的电源车传感器数据重构方法 ············ 169

11.1   引言 ··· 169
11.2   基于信息熵理论的电源车传感器冗余度量化评价 ············ 170
        11.2.1   信息熵相关理论 ···································· 170
        11.2.2   基于信息熵理论的传感器信息值量化评价 ············ 171
        11.2.3   基于改进互信息熵的传感器相关性量化评价 ········· 173
        11.2.4   基于信息熵理论的辅助变量筛选 ··················· 175
11.3   仿真实验与结果分析 ··· 175
11.4   本章小结 ·· 179
参考文献 ··· 179

第 12 章   引入注意力机制下的电源车传感器故障检测及数据重构 ······ 180

12.1   引言 ··· 180
12.2   基于注意力机制的传感器故障检测和数据重构方法 ········· 181
        12.2.1   注意力机制相关理论 ······························· 181
        12.2.2   时间注意力机制下的传感器故障检测 ··············· 182
        12.2.3   互信息熵和注意力机制融合后的传感器数据重构 ······ 184
12.3   仿真实验与结果分析 ··· 186
        12.3.1   引入注意力机制下的电源车传感器故障检测 ········· 186
        12.3.2   引入注意力机制下的电源车传感器数据重构 ········· 188
12.4   本章小结 ·· 190
参考文献 ··· 191

上篇

非线性系统故障可诊断性
量化评价与设计

第 1 章

绪　　论

1.1　故障可诊断性评价及诊断方法研究的意义

伴随着现代工程技术的长足发展,系统规模的不断扩大,集成化和复杂化程度的日益增强,系统一旦发生事故,损失巨大,甚至会带来灾难性后果,这对系统的安全性和稳定性提出巨大挑战。因此,如何切实有效提高系统的故障可诊断性和故障诊断的准确率从而降低事故风险,成为亟待解决的关键性问题。经过半个世纪的发展,关于故障诊断研究已取得较为丰硕的成果,然而,目前的研究成果主要集中于线性系统领域,非线性系统由于其构造的复杂性和噪声、外部扰动等不确定因素的存在,相关研究始终难以开展。事实上,实际的工程系统都是一定程度的非线性复杂系统,因此,针对非线性系统,探索提高故障可诊断性的有效方法,在充分考虑不同故障特征的基础上围绕系统故障的诊断开展深入研究,对于促进现代工程持续稳定健康的发展具有重要意义。

对故障进行可诊断性评价是故障诊断研究的重要基础和前提。近年来关于故障可诊断性评价的研究主要集中在两方面[1]:一方面,将故障的可诊断性看作系统特性,仅与系统配置有关;另一方面,认为故障的可诊断性除与系统配置有关外,还依赖于故障诊断算法的选取,是故障诊断的一种残差特性。虽然利用残差进行故障可诊断性研究的方法被广泛应用,但是其所得评价结果由于对残差设计精度的严重依赖,很难准确反映可诊断性能。近几年来,基于系统特性的 Kullback-

Leibler(KL)散度算法,通过测量不同故障情况下概率密度分布的相似度和差异度,从而实现对故障可诊断性的量化评价,为故障可诊断性评价研究提供了新的途径。但是,现有的相关研究大多局限于线性系统[2-3],由于非线性系统输出概率密度函数估计困难及具有非线性结构的 KL 散度计算复杂度高等问题的存在,使得目前基于 KL 散度的非线性系统故障可诊断性评价的整体研究还处于探索阶段,缺乏系统性研究成果[4]。

随着研究的不断深入,人们发现测量信息不足是造成系统故障可诊断性低的决定性因素之一[5]。因此,基于非线性系统故障可诊断性评价结果,采用有效方法进行故障可诊断性设计,对提高系统的故障诊断能力尤为重要。近年来,关于故障可诊断性设计的研究主要倾向于针对不可检测、不可隔离的故障集合,通过故障可诊断性测点的优化配置,给出使所有故障可检测、可隔离的最优测点集合[6-8]的方法。但是系统一旦设计实施,受系统空间与技术的限制,不仅故障测点难以获取,而且数量有限,因此,如何增加系统所能获取的测量信息便成为提升系统故障可诊断性的关键所在。随着现代技术的发展,关键设备与系统具有故障诊断功能已成为其本征诉求,但遗憾的是,目前少有在系统设计阶段,就以增广系统测量数据信息为途径来提高系统故障可诊断性的设计研究。

近几十年,基于数据驱动对系统故障建模而开展故障诊断与预测的研究已取得了一些成果,Luo 等[9]利用标称和退化状态下基于模型的仿真数据,提出了基于数据来综合预测的方法。随着现代工程的发展需求及故障诊断技术研究的不断深入,基于解析模型的非线性系统故障诊断及预测方法受到国内外学者的广泛关注,针对非线性离散系统的扩展卡尔曼滤波(extended Kalman filter,EKF)方法、无迹卡尔曼滤波(unscented Kalman filter,UKF)方法等都是重要的研究成果。自 20 世纪 50 年代粒子滤波算法被提出,直到 1993 年被 Gordon 等引入重采样算法在一定程度上解决粒子滤波算法中粒子退化的问题[10],引起了研究热潮。粒子滤波算法作为适用于任意非线性、非高斯系统和以"近似概率"的非线性滤波方法,为非线性系统故障诊断和预测问题的研究提供了新的技术手段。但其不足之处在于:①难以建立准确的非线性系统模型,建模误差的存在影响了故障诊断的准确率;②尽管该项技术发展迅速,但针对非高斯噪声的影响和高维系统所代表的复杂状况,基于粒子滤波算法的诊断策略目前尚不成熟;③仅利用系统的输入输出信息对系统进行故障诊断,缺乏对系统的故障演变过程和故障机制分析的深入研究。因此,如何通过改进和优化粒子滤波算法来改善非线性系统的故障诊断品质,也是极具意义的研究议题。

综上所述,本书将以非线性系统为研究对象,综合运用概率论、控制论及系统论等理论,以蒙特卡洛方法、KL 散度和稀疏内核密度估计为主要方法,进行故障可诊断性量化评价方法研究,并将其纳入故障可诊断性设计体系,充分考虑系统故障可诊断测点扩充的复杂性及经济性等多个约束,以期使非线性系统的故障可诊断性在系统设计阶段得以提高,从而确保故障诊断具有较高的可靠性和准确性。

1.2 非线性系统故障诊断研究现状

1971 年,Beard 在其博士论文中提出利用解析冗余代替硬件冗余的思想,这标志着基于解析冗余进行故障诊断技术的开端[11];为使现代系统具有更高的安全可靠性,作为故障诊断前提和基础的故障可诊断性评价与设计,在近年来也取得了一些研究进展;而更切合实际需求的非线性系统故障诊断研究,在过去几十年里的发展也甚为迅速,成果颇丰[12-15]。本节结合本书目标对相关研究内容进行回顾与梳理,拟为本书的研究拨棘问路。

1.2.1 故障可诊断性

故障的可诊断性研究主要包括两方面:一是故障可诊断性评价研究,二是故障可诊断性设计研究。

1. 故障可诊断性评价

故障可诊断性是指系统中可能发生的故障可被识别的程度,是故障诊断的基础,包括故障可检测性和故障可分离性。只有系统具备了故障可诊断性,才能在系统发生故障时对故障进行有效的检测和分离。若系统测量信息不足,而导致某些故障本身不具备可诊断性,则无论设计多么复杂的诊断算法也无济于事。若在系统设计之初就将故障可诊断性作为系统的性能指标之一考虑其中,则可为后期的诊断算法设计和传感器的优化配置提供有力保障,达到提升系统安全性能指标的目的。

早在故障诊断算法研究之初,研究者们就考虑了故障是否具有可诊断性这个问题。因此,在早期的研究中认为故障可诊断性与诊断算法的选取息息相关[16],可通过故障诊断算法的存在性来判断系统是否具有可诊断性[17-19]。然而,由于这种方法过于依赖诊断算法,不同算法的选取会得到截然不同的评价结果,忽略了系统的自身属性。随着研究的深入开展,很多学者认为系统的故障可诊断性是系统的固有属性,即不依赖于故障诊断算法的选取。

系统是否具有故障可诊断性,与获取的系统测量信息密切相关。被诊断系统的描述形式是获取测量信息的关键,因此,从系统描述的不同形式,可诊断性评价可分为基于解析模型、定性模型及数据驱动的方法。

解析模型方法指当系统可通过一组数学方程来表达时,可将系统故障信号视为方程变量,通过分析方程中变量的可观测性等性质来判断故障是否可被诊断。王巍[20]在对系统建模的基础上,利用系统模型生成残差数据,并据此进行了故障可检测性和可分离性研究。Nyberg 等[21]、Chow 等[22]和 Frisk[23]分别运用了多项式基、互质空间等方法,利用系统建模设计残差数据,进而据此进行故障可检测性和可分离性的研究。Nyberg[24]、Ding[25]和刘文静等[26]通过系统的传递函数模型，判断系统的可测信息是否存在，以此来检测系统可诊断性。Gobbo[27]通过频域方法识别故障信号与干扰信号直接的辨识度，判断系统故障可检测性。Frisk[28]利用线性微分方程作为系统模型，设计了系统故障可诊断性的评价方法。Nejjari[29]考虑系统可能存在的静态变量和动态变量，建立了系统的准静态模型，通过故障的增广设计，判断系统的故障可诊断性。但是，由于解析模型的存在，使得上述方法的评价结果严重依赖于残差的设计精度，很难准确反映可诊断的真实性能。

通过上述分析可知，虽然基于系统解析模型的方法物理意义明确，得到的结果精确且可达到定量描述的目的，但是由于现代系统的复杂性，其解析模型往往不易获取。因此，有学者以更加宏观的定性模型替代解析模型，通过故障在系统中的传播来判断现有的测量信息是否足以识别故障，以此来评价系统的故障可诊断性。

定性模型中只需要关注每个约束方程中的变量，不需要考虑变量的数值解析关系[30-32]。Frisk等[33]和Duşteg等[34]通过建立关联矩阵结构模型，据此判断变量间关联矩阵的可测信息，可实现检测系统故障可诊断性的目的。Koscielny等[35]在上述基础上对关联矩阵进行了扩展，建立了多元关联矩阵，更加全面地实现了对故障可诊断性的评价。除此之外，基于系统结构模型所采用的信号流图、有向图等方法[36-37]也实现了对系统故障可诊断性的评价。刘睿[38]将有向图与关联矩阵结合起来，通过关联关系的转换，实现了系统故障可诊断性的评价。

由于实际工业过程的复杂性，非线性、时变性、有色噪声等不确定因素的存在给系统的故障诊断带来了很大困难，使得无论是建立传统意义上的解析模型，还是定性模型都难以实现，而运用在工业过程运行中产生的大量数据，即数据驱动的方法，为解决这一难题提出了新的思路。数据驱动方法不依赖于系统模型，而是通过数据分析方法得到故障诊断所需的测量信息，来评价系统是否具备故障可诊断性。

Joe[39]、Dunia等[40-41]和Yue[42]等借助于PCA方法对系统运行中的历史数据进行线性变换，通过对阈值的判断，来评价系统是否具有故障可诊断性。Mnassri等[43-44]对上述方法进行了改进，通过二次型的评价指标，给出了更加精确的故障可诊断性判别方法。除此之外，近年来，基于距离相似性和方向相似性的可诊断性评价方法逐渐得到学界关注[45-54]。李文博等[55]在依据线性系统结构模型的基础上，借助于相似性分析的KL散度算法，对系统可能发生的故障进行了可诊断性的量化评价。随着非线性系统研究的不断深入，以测量概率分布差异度为基础的KL散度算法，以其在量化计算中对系统模型依赖性少的优势，为解决非线性系统故障可诊断性的量化评价研究提供了新的途径[56-57]。但是目前对基于KL散度算法的非线性系统故障可诊断性研究还很不充分，其难点在于：一是非线性系统的输出概率密度难以估计；二是KL散度的非线性结构使得计算很难实现。然而，随着以数值计算为基础的蒙特卡洛方法[58]和稀疏内核密度估计方法[59]的研究不断深化,有望在一定程度上较好地解决非线性结构的 KL 散度的计算困难。

2. 故障可诊断性设计

故障可诊断性设计,目前仍侧重于研究面向故障可诊断性的测点优化配置问题,即针对不可检测、不可分离的故障集合,给出使所有故障可检测或可分离的最优测点集合。基于测点优化设计问题的研究始于 20 世纪 70 年代末,主要的优化设计指标包括成本、可估计性、精度等,但少有以故障可诊断性为优化目标的研究,主要方法包括基于优化问题、基于故障传播关系及基于变量约束关系等的测点优化配置方法[60-63]。但这些方法难以开展深入研究的共同瓶颈问题除了多约束条件下的优化问题求解困难外,测量信息匮乏也是其重要原因之一。参考文献[5]中证明了当非线性系统故障评价为不具有可诊断性时,其原因也多是由于系统所获得的测量信息不足所致。参考文献[64]中提出通过扩张状态观测器可对系统状态及未知扰动进行观测,这为有效解决上述问题提供了新的方案;Petr 等[65]和俞金寿[66]运用软测量方法,对系统中难以测量或是暂时不可测量的变量,通过构造某种数学关系来进行推断和估计,以软传感器类替代硬件功能,这无疑为系统扩充测量信息提供了新的思路。此类通过增广系统可测信息来提升故障的可诊断性的方法具有重要参考价值,但遗憾的是目前开展的相关研究还极为少见。因此,亟待进一步研究探索有效方法通过系统设计获得充足测量信息,提升非线性系统的故障可诊断性。

1.2.2 基于故障可诊断性评价的传感器优化配置

传感器优化配置的研究始于 20 世纪 70 年代末,自 Lambert[67]用故障树并基于故障源对过程变量的影响来分析传感器的配置起,国内外学者就传感器的优化配置问题开展了广泛的研究,成果颇丰[68-72]。其中以有效独立法和模态动能法应用最为广泛,随后衍生出有效独立系数法、有效独立-驱动点留数法、随机类算法等。由于传感器优化配置涉及量化评价、成本、可估计性、精度和可靠性等多个指标,因而有学者将传感器优化配置视为多目标优化问题,采用多目标进化算法进行研究。与传统算法相比较,多目标进化算法的优点在于能够处理非线性、不连续、不可微等问题,且不需要过多的先验知识,可处理目标噪声,鲁棒性能好。目前多目标进化算法研究已取得一些成果,如 1985 年 Schaffer 提出的第一个向量评价遗传算法(vector-evaluted genetic algorithm,VEGA)[73]、多目标遗传算法(multi-objective genetic algorithm,MOGA)[74]、非支配排序遗传算法(non-dominated sorting genetic algorithm,NSGA)[75],以及基于精英保留策略的强度帕累托进化算法(strength Pareto evolutionary algorithm,SPEA)、PAES+PESA 算法等,而基于快速排序、密度值估计与精英策略的非支配排序遗传算法-Ⅱ(non-dominated sorting genetic algorithm-Ⅱ,NSGA-Ⅱ)是目前比较优秀的多目标优化算法[76]。张溥明[77]等将线性测量网的传感器配置问题定义为一个多目标优化问题进行求解,Attar 等[78]运用 NSGA-Ⅱ将系统故障时传感器的残差数据分配问题进行多目标优化求解。然而分析以上研究成果发现,这些研究尚停留在定性描述层面,即每个传感器对于故障的可诊断性贡献时集中于"是"或"否"的定性评价上,缺乏对传感器反应故障信息水平的量化描述,于保华等[79]对运用 NSGA-Ⅱ获得传感器多目标优化配置展开了研究,通过编码方案和可检测可分离性方法对 NSGA-Ⅱ予以改进有助于传感器多目标配置中量化指标的实现。但遗憾的是,将此方法广泛应用于其他领域的算法,并将其应用于传感器的优化配置领域进行研究还未充分展开。

1.2.3　非线性系统故障诊断方法

按照国际故障诊断权威 Frank 教授的观点,故障诊断方法可以划分为基于解析模型的方法、基于信号处理的方法和基于知识的方法[80]。自从 20 世纪 70 年代起,基于模型的故障诊断方法始终是国内外的研究热点,特别是伴随着现代工程技术的发展,系统的非线性比重越来越大,针对非线性系统故障诊断的研究领域也涌现出大量成果[81-82]。清华大学周东华团队和南京航空航天大学的姜斌团队在复杂动态系统的故障诊断、预测、容错控制和预测维护技术方面取得了许多突破性成果[83-84]。

1. 基于解析模型的故障诊断

基于解析模型的故障诊断方法是一种通过建立精确反映系统特性的解析模型,并以此为基础进行故障诊断的方法。即借助于系统运行时的真实状态值与期望值间形成的残差信息,并运用相应的决策规则对残差信息进行分析,从而判断系统是否发生故障。基于解析模型的方法主要包括参数估计法和状态估计法等。

(1) 参数估计方法[85-86]是通过检测系统模型中的参数变化过程,以此为依据来判断系统是否发生故障。该方法具有明确的物理意义,可以具体到系统发生故障的具体变量,但是这就要求系统模型和相应的物理变量之间有明确的对应关系,需要精确的系统模型。然而,在实际系统中,由于不确定因素的存在,使得将物理变量之间建立明确的对应关系困难重重,从而导致基于参数估计的故障诊断方法,在应对实际的非线性时变系统时具有局限性。

(2) 状态估计法通常的应用形式有滤波器方法和观测器方法。在基于滤波器的方法中主要有扩展卡尔曼滤波(EKF)[87]、无迹卡尔曼滤波(UKF)[88]、粒子滤波算法[89]等。EKF 对非线性系统进行局部近似线性化处理,仅能处理一些简单的弱非线性系统,对于较强的非线性系统就会因误差和计算量较大而导致较高的误报率;UKF 通过对系统状态的概率密度函数进行近似化处理有效地改善了 EKF 的不足,但无论是 EKF 还是 UKF,都必须满足系统噪声服从高斯分布的假设前提,而实际系统存在非高斯噪声,在一定程度上限制了两者在非线性系统故障诊断和预测中的应用范围。粒子滤波算法以其不仅适用于非线性系统,而且能解决非线性系统所面临的非高斯噪声问题的优势,有效地弥补了 EKF 和 UKF 等研究方法的不足,使得近十年来关于粒子滤波算法故障诊断的研究受到高度重视[90-93]。Kadirkamanathan 等[94]最早把融合了数据和模型的粒子滤波算法运用到了故障检测之中,通过对后验概率密度函数的估计,验证了其方法优于 EKF。Chen 等[95]首次提出了一种基于粒子滤波算法的非线性系统故障预测方法。2009 年,Orchard 等[96]介绍了一种基于粒子滤波算法的在线故障预测框架,实现对非线性非高斯系统的实时故障预测。虽然粒子滤波算法的相关研究已较为丰富,但粒子退化、建模误差、外部扰动等不确定性因素的存在,使得利用粒子滤波算法故障诊断和预测中还面临着阈值选取困难、诊断和预测算法单一等新的挑战。相较于滤波器的故障诊断方法,常见的观测器方法还有诸如自适应观测器[97]、滑模观测器[98]和自抗扰观测器[99]等,其应用具有较强的束缚性和对模型较高的精确性要求。

2. 基于信号处理的故障诊断

由于现代工程对象的高复杂性,建立系统的解析模型变得越来越困难。而基于信号处理的故障诊断方法利用系统的测量信息,不依赖于系统的解析模型实现了系统的故障诊断,即在系统运行过程中通过特征提取发现故障信息。其优点在于不需要建立系统精确的数学模型,就可利用数据处理挖掘系统有用信息,近年来受到学者的广泛关注。Estima 等[100]通过测量电动机相电流和其参考电流,设计实时检测算法,实现了对交流电动机电源开关开路故障的检测。Samara 等[101]通过提取传感器协方差的数据特征,对飞行器传感器硬故障进行了检测。Pan 等[102]借助于振动频域信号分析,进行了齿轮箱的故障诊断。Feng 等[103]通过对检测信号的傅里叶变换,实现了对变速箱故障信号的检测。胡昌华等[104]和 Zhang 等[105]突出了一种基于小波变化的故障诊断方法,通过算法设计实现了对系统噪声的抑制,有效增强了系统故障的可检测性。吕柏权[106]设计了一种小波神经网络的辨识算法,借助该算法对非线性系统进行全面的数据分析,降低对输入信号的要求,达到对突变故障进行检测的目的。Kumamaru 等[107]针对非线性系统的未建模动态部分,设计了 Kullback 信息检测准则,实现了对动态系统的故障诊断,这为未知动态系统的故障诊断提供了一条新的途径。

3. 基于知识的故障诊断

伴随着深度学习等人工智能技术的兴起,基于知识和数据的方法受到了前所未有的关注。与基于信号处理的故障诊断方法一样,基于知识的故障诊断方法也不需要精确的数学模型,而是通过分析大量的历史数据和在线数据,从数据中获取知识,以此来对系统中是否发生故障作出决策。由于获取的数据可能是定性的,也可能是定量的,因此基于知识的故障诊断方法可分为基于定性知识的故障诊断方法和基于定量知识的故障诊断方法。Venkatasubramanian 等[108]通过对工业过程中噪声检测数据的定性趋势分析,来分离系统中可能发生的故障信息。Yang 等[109]提出了一种概率符号有向图方法,通过对节点间的因果关系的描述,并利用条件概率降低故障路径的理解错误率,减小故障诊断的漏报率和误报率;Tarifa 等[110]将有向图模型成功应用于化工工艺流程的节点故障诊断过程中,实现了有效的故障诊断。闻新等[111]、Wang[112-113]和 Polycarpou 等[114]运用神经网络算法对过程进行建模分析,通过检测残差信息,有效实现了对系统的故障诊断。

综上所述,由于非线性系统的复杂性,无论是故障可诊断性评价、故障可诊断性设计,还是故障诊断与预测,相较于线性系统,其成果还非常有限,特别是大部分研究成果相互独立,还未形成一个整体的关于故障诊断的流程体系,针对非线性系统开展相关研究可谓是任重而道远,而这也正是本书的研究初衷和努力的方向。

1.3　存在的问题与不足

综上所述,尽管非线性系统故障可诊断性研究已取得了一些初步的成果,但有关其设计还少有人涉足,因此仍然存在如下一些问题,有待进一步研究。

(1)目前,针对故障可诊断性量化评价已经开展了部分研究工作,利用残差进行故障可诊断性研究的方法被广泛应用,但是由于残差对设计精度的严重依赖,其所得评价结果很难准确反映原始系统的可诊断性能。因此,亟须探索不依赖任何故障诊断算法,能够将传统上对故障予以定性评价推向量化评价纵深方向发展的有效方法。

(2)以故障可诊断性为目标的故障可诊断性提升设计研究是影响整个系统安全可靠运行的关键指标。目前,大都将故障可诊断性水平作为后系统事件进行研究,即为了提高故障的可诊断性能,多以改进各种故障诊断方法为核心进行设计研究,但是当系统缺乏适合的可达测点集合时,故障诊断算法再先进,也无济于事。因此,在系统设计阶段就将系统故障可诊断性评价纳入其指标范畴,进行故障可诊断性的提升设计有着现实意义。

(3)通过增设测点的设计使系统的故障可诊断性得以满足,进而使得开展关于故障诊断的算法研究具有真实意义。然而,以故障可诊断性量化评价为出发点进行传感器的优化配置研究,由于测点的位置和数量往往受制于系统的结构和经济条件,因此,进一步考虑在有限的现实条件下,结合软传感器技术和优化方法,以提高系统品质为目的的传感器优化配置问题仍是研究的重点。

(4)在非线性系统进行故障诊断过程中,建模误差、外部扰动等内外不确定性,以及复杂系统中存在的非平稳过程,使得故障诊断还面临着阈值选取困难、诊断算法单一等新的挑战。因此,如何通过改进故障诊断算法来改善非线性系统的故障诊断品质,也是极具意义的研究议题。

(5)现有传感器故障检测方法大多是基于模型的诊断方法,同时过于复杂的故障诊断算法会给系统带来较大的运算负担,无法实现长期有效的在线检测。

(6)目前的传感器数据重构多集中于机器学习的数据重构方法,在重构之前没有充分考虑变量之间的相关性及冗余度,且未充分考虑传感器之间的空间相关性,忽略了传感器之间的空间相关特征的优化选择,所建立的预测模型复杂度高,数据重构效果有待提升。

1.4 本章小结

本章首先阐述了本书研究的意义和背景及相关研究综述,围绕主题"非线性系统的故障可诊断性评价及诊断方法",重点从故障可诊断性评价研究、故障可诊断性设计研究、非线性系统故障诊断等方面进行了较为全面的论述,进而分析总结了本书研究的主要内容和创新点,剖析了本书所述研究领域的研究前沿及面临的问题。

参考文献

[1] 刘文静,刘成瑞,王南华.故障可诊断性评价与设计研究进展[J].航天控制,2011,29(6): 72-78,87.

[2] DANIEL E,ERIK F,MATTIAS K. A method for quantitative fault diagnosability analysis of stochastic linear descriptor models[J]. Automatica,2013,49: 1591-1600.

[3] HARMOUCHE J,DELPHA C,DIALLO D. Incipient fault detection and diagnosis based on Kullback-Leibler divergence using principal component analysis: part Ⅰ[J]. Signal Processing,2014,94: 278-287.

[4] YOUSSEF A,DELPHA C,DIALLO D. An optimal fault detection threshold for early detection using Kullback-Leibler divergence for unknown distribution data[J]. Signal Processing,2016,120: 266-279.

[5] 郭其一.系统故障可诊断性的形式描述研究[J].上海铁道大学学报,1999,20(8): 7-11,17.

[6] BHUSHAN M,RENGASWAMY R. Design of sensor location based on various fault diagnostic observability and reliability criteria[J]. Computers and Chemical Engineering, 2000,24(2): 735-741.

[7] SARRATE R,VICENC P,ESCOBET T,et al. Optimal sensor placement for model-based Fault detection and isolation[C]//The 46th IEEE Conference on Decision and Control. New Orleans,USA,2007: 12-14.

[8] SHARIFI R,LANGARI R. Isolability of faults in sensor fault diagnosis[J]. Mechanical Systems and Signal Processing,2011,25(7): 2733-2744.

[9] LUO J,BIXBY A,PATTIPAT I K,et al. An interacting multiple model approach to model-based prognostics[C]//Proceedings of IEEE International Conference on System,Man and Cybernetics. Washington DC,USA,2003(1),189-194.

[10] GORDON N,SALMOND D. Novel approach to non-linear and non-Gaussian Bayesian state estimation[J]. Proceedings of the Institute Electric Engineering,1993,140(2): 107-113.

[11] BEARD R V. Failure accommodation in linear systems through self-reorganization[D]. Massachusetts：MIT，1971.

[12] VENKATASUBRAMANIAN V，RENGASWAMY R，YIN K. A review of process fault detection and diagnosis：part Ⅰ：quantitative model-based methods[J]. Computers and Chemical Engineering，2003，27(3)：293-311.

[13] VENKATASUBRAMANIAN V，RENGASWAMY R，KAVURI S N. A review of process fault detection and diagnosis(part Ⅱ)：Qualitative models and search strategies[J]. Computers and Chemical Engineering，2003，27(3)：313-326.

[14] WANG H，CHAI T Y，DING J L，et al. Data driven fault diagnosis and fault tolerant control：Some advances and possible new directions[J]. Acta Automatica Sinica，2009，35(6)：739-747.

[15] HWANG I，KIM S，KIM Y. A survey of fault detection，isolation and reconfiguration methods[J]. IEEE Transactions on Control Systems Technology，2010，18(3)：636-653.

[16] IEEE Standards Association. IEEE Trial-Use standard for testability and diagnosability characteristics and metrics：IEEE 1522-2004[S]. Psicataway：IEEE Standards Press，2004.

[17] CHEN J，PATTON R J. A re-examination of fault detectability and isolability in linear dynamic systems[C]//1994 Fault Detection，Supervision and Safety for Technical Processes. Espoo，1994：567-573.

[18] NYBERG M，NIELSEN L. Parity functions as universal residual generators and tool for fault detectability analysis[C]//Proceedings of the 36th IEEE Conference on Decision and Control. San Diego IEEE Press，1997：4483-4489.

[19] FAITAKIS Y E，THAPLIYAL S，Kantor J C. An LMI approach to the evaluation of alarm thresholds[J]. International Journal of Robust and Nonlinear Control，1998，8(8)：659-667.

[20] 王巍. 基于模型残差分析的航天器故障诊断技术研究[D]. 哈尔滨：哈尔滨工业大学，1999.

[21] NYBERG M，NIELSEN L. Parity functions as universal residual generators and tool for fault detectability analysis[C]//IEEE Conference on Decision and Control. San Diego：IEEE，1997：4483-4489.

[22] CHOW E Y，WILLSKY A D. Analytical redundancy and the design of robust failure detection systems[J]. IEEE Transactions On Automatic Control，1984，29(7)：603-614.

[23] FRISK E，NYBERG M. A minimal polynomial basis solution to residual generation for fault diagnosis in linear systems[J]. Automatica，2001，37(9)：1417-1424.

[24] NYBERG M. Criterions for detectability and strong detectability of faults in linear systems [J]. International Journal of Control，2002，75(7)：490-501.

[25] DING S X. Model-based fault diagnosis techniques：design schemes，algorithms，and tools [M]. Berlin：Springer Verlag，2008：51-68.

[26] 刘文静，刘成瑞，王南华，等. 定量与定性相结合的动量轮故障可诊断性评价[J]. 中国空间科学技术，2011，31(4)：54-63.

[27] GOBBO D D，NAPOLITANO M R. Issues in fault detectability for dynamic systems [C]//Proceedings of the 2000 American Control Conference. Chicago，2000：3203-3207.

[28]　FRISK E，KRYSANDER M，ASLUND J. Sensor placement for fault isolation in linear differential-algebraic systems[J]. Automatica,2009,45(2)：364-371.

[29]　NEJJARI F,PEREZ R,ESCOBET T,et al. Fault diagnosability utilizing quasi-static and structural modelling[J]. Mathematical and Computer Modelling,2007,45(5)：606-616.

[30]　DION J M,COMMAULT C,VAN DER WOUDE J. Generic properties and control of linear structured systems：a survey[J]. Automatica,2003,39(7)：1125-1144.

[31]　COMMAULT C,DION J M. Sensor location for diagnosis in linear systems：a structural analysis[J]. IEEE Transactions on Automatic Control,2007,52(2)：155-169.

[32]　COMMAULT C,DION J M,AGHA S Y. Structural analysis for the sensor location problem in fault detection and isolation[J]. Automatica,2008,44(8)：2074-2080.

[33]　FRISK E，BREGON A,ASLUND J,et al. Diagnosability analysis considering causal interpretations for differential constraints[J]. IEEE Transactions on Systems,Man,and Cybernetics,Part A：Systems and Humans,2012,42(5)：1216-1229.

[34]　DUŞTEG D,FRISK E,COCQUEMPOT V,et al. Structural analysis of fault isolability in the DAMADICS benchmark[J]. Control Engineering Practice,2006,14(6)：597-608.

[35]　KOSCIELNY J M, BARTY'S M, RZEPIEJEWSKI P, et al. Actuator fault distinguishability study for the DAMADICS benchmark problem[J]. Control Engineering Practice,2006,14(6)：645-652.

[36]　BHUSHAN M,RENGASWAMY R. Comprehensive design of a sensor network for chemical plants based on various diagnosability and reliability criteria,1：Framework[J]. Industrial & Engineering Chemistry Research,2002,41(7)：1826-1839.

[37]　BHUSHAN M,RENGASWAMY R. Comprehensive design of a sensor network for chemical plants based on various diagnosability and reliability criteria,2：Applications[J]. Industrial & Engineering Chemistry Research,2002,41(7)：1840-1860.

[38]　刘睿,周军,李鑫,等. 基于 DG 的航天器部件可诊断性测点配置方法[J]. 系统工程与电子技术,2014,36(10)：2013-2017.

[39]　JOE QIN S. Statistical process monitoring：basics and beyond［J］. Journal of Chemometrics,2003,17(8/9)：480-502.

[40]　DUNIA R,JOE QIN S. Joint diagnosis of process and sensor faults using principal component analysis[J]. Control Engineering Practice,1998,6(4)：457-469.

[41]　DUNIA R,JOE QIN S. Subspace approach to multidimensional fault identification and reconstruction[J]. AIChE Journal,1998,44(8)：1813-1831.

[42]　YUE H H,QIN S J. Reconstruction-based fault identification using a combined index[J]. Industrial & Engineering Chemistry Research,2001,40(20)：4403-4414.

[43]　MNASSRI B,ADEL E,MOSTAFA E,et al. Unified sufficient conditions for PCA-based fault detectability and isolability［C］//The 8th IFAC Symposium on Fault Detection, Supervision and Safety of Technical Processes. Mexico City,2012,8(1)：421-426.

[44]　MNASSRI B,OULADSINE M. Generalization and analysis of sufficient conditions for PCA-based fault detectability and isolability[J]. Annual Reviews in Control,2013,37(1)：154-162.

[45]　CUI Y Q,SHI J Y,WANG Z L. System-level operational diagnosability analysis in quasi real-time fault diagnosis：the probabilistic approach[J]. Journal of Process Control,2014,

24(9)：1444-1453.

[46] DE MAESSCHALCK R，JOUAN-RIMBAUD D，MASSART D L. The mahalanobis distance[J]. Chemometrics and Intelligent Laboratory Systems，2000，50(1)：1-18.

[47] KUMAR S，CHOW T W S，PECHT M. Approach to fault identification for electronic products using Mahalanobis distance［J］. IEEE Transactions on Instrumentation and Measurement，2010，59(8)：2055-2064.

[48] LIN J S，CHEN Q. Fault diagnosis of rolling bearings based on multifractal detrended fluctuation analysis and Mahalanobis distance criterion[J]. Mechanical Systems and Signal Processing，2013，38(2)：515-533.

[49] SHARIFI R，LANGARI R. Isolability of faults in sensor fault diagnosis[J]. Mechanical Systems and Signal Processing，2011，25(7)：2733-2744.

[50] SHARIFI R，LANGARI R. Sensor fault diagnosis with a probabilistic decision process[J]. Mechanical Systems and Signal Processing，2013，34(1)：146-155.

[51] KRZANOWSKI W J. Between-groups comparison of principal components[J]. Journal of the American Statistical Association，1979，74(367)：703-707.

[52] SINGHAL A，SEBORG D E. Pattern matching in historical batch data using PCA[J]. IEEE Control Systems Magazine，2002，22(5)：53-63.

[53] 李文博，王大轶，刘成瑞.有干扰的控制系统故障可诊断性量化评估[J].控制理论与应用，2015，32(6)：744-752.

[54] 李文博，王大轶，刘成瑞.一类非线性系统的故障可诊断性量化评价方法[J].宇航学报，2015，36(4)：455-462.

[55] 李文博，王大轶，刘成瑞.动态系统实际故障可诊断性的量化评价研究[J].自动化学报，2015，41(3)：497-507.

[56] EGUCHI，SHINTO，COPAS，et al. Interpreting Kullback-Leibler divergence with the Neyman-Pearson lemma[J]. Journal of Multivariate Analysis，2006，97，2034-2040.

[57] HARMOUCHE J，DELPHA C，DIALLO D. A theoretical approach for incipient fault severity assessment using the Kullback-Leibler divergence［C］//EUSIPCO 2013. Marrakech，Marocco，2013.

[58] ENRICO ZIO. The monte carlo simulation method for system reliability and risk analysis［M］. Berlin：Spriger，2012.

[59] HONG X，CHEN S，BECERRA V M. Sparse density estimator with tunable kernels[J]. Neurocomputing，2016，173：1976-1982.

[60] RAGHURAJ R，BHUSHAN M，RAGHUNATHAN R. Locating sensor in complex chemical plants based on fault diagnostic observability criteria[J]. AIChE Journal，1999，45(2)：310-322.

[61] KRASANDER M，FRISK E. Sensor placement for fault diagnosis[J]. IEEE Transactions on Systems，Man，and Cybernetics-Part A：Systems and Humans，2008，38(6)：1398-1410.

[62] KRYSANDER M，ÅSLUND J，NYBERG M. An efficient algorithm for finding minimal overconstrained subsystems for model-based diagnosis［J］. IEEE Transactions on Systems，Man，and Cybernetics-Part A：Systems and Humans，2007，38(1)：197-206.

[63] KRYSANDER M. Design and analysis of diagnosis systems using structural methods[D]. Linkoping：Linkopings Universitet，2006.

[64] 杨明,董晨,王松艳,等.基于有限时间输出反馈的线性扩张状态观测器[J].自动化学报,2015,41(1)：59-66.

[65] PETR KADLEC,BOGDAN GABRYS,SIBYLLE STRANDT. Data-driven soft sensors in the process industry[J]. Computers and Chemical Engineering,2009,33：795-814.

[66] 俞金寿.软测量技术及其应用[J].自动化仪表,2008,29(1)：1-7.

[67] LAMBERT H E. Fault trees for locating sensors in process systems[J]. Chemical Engineering Progress,1977,73(8)：81-85.

[68] 桂卫华,彭涛,DING STEVEN X,等.基于传感器最优配置的等价空间故障检测方法[J].控制与决策,2007,22(7)：800-804.

[69] PARK H,HAGHANI A. Optimal number and location of bluetooth sensors considering stochastic travel time prediction[J]. Transportation Research, Part C, Emerging Technologies,2015,55：203-216.

[70] SEN P,SEN K,DIWEKAR U M. A multi-objective optimization approach to optimal sensor location problem in IGCC power plants[J]. Applied Energy,2016,181：527-539.

[71] VINCENZI L,SIMONINI L. Influence of model errors in optimal sensor placement[J]. Journal of Sound & Vibration,2017,389：119-133.

[72] ZHANG H T,AYOUB R,SUNDARAM S. Sensor selection for Kalman filtering of linear dynamical systems：complexity,limitations and greedy algorithms[J]. Automatica,2017,78：202-210.

[73] SCHAFFER J D. Multiple objective optimization with vector evaluated genetic algorithms[C]//International Conference on Genetic Algorithms, Lawrence Erlbaum Associates Incorporated,1985：93-100.

[74] HU N,ZHOU P,YANG J. Comparison and combination of NLPQL and MOGA algorithms for a marine medium-speed diesel engine optimisation[J]. Energy Conversion & Management,2017,133：138-152.

[75] HORN J,NAFPLIOTIS N,GOLDBERG D E. A niched Pareto genetic algorithm for multi-objective optimization[C]//IEEE World Congress on Computational Intelligence, IEEE Xplore,1994：82-87.

[76] ALIKAR N,MOUSAVI S M,GHAZILLA R A R,et al. Application of the NSGA-Ⅱ algorithm to a multi-period inventory-redundancy allocation problem in a series-parallel system[J]. Reliability Engineering & System Safety,2017,160：1-10.

[77] 张溥明,荣冈.线性测量网的传感器配置与多目标优化[J].化工学报,2001,52(7)：646-649.

[78] ATTAR A,RAISSI S,KHALILI-DAMGHANI K. A simulation-based optimization approach for free distributed repairable multi-state availability-redundancy allocation problems[J]. Reliability Engineering & System Safety,2017,157：177-191.

[79] 于保华,杨世锡,周晓峰.基于故障-测点互信息的传感器多目标优化配置[J].浙江大学学报(工学版),2012,46(1)：156-162.

[80] FRANK P M. Fault diagnosis in dynamic systems using analytical and knowledge-based redundancy：a survey and some new results[J]. Automatica,1990,26(3)：459-474.

[81] HONGYANG YU,FAISAL KHAN,VIKRAM GARANIYA. Nonlinear gaussian belief network based fault diagnosis for industrial processes[J]. Journal of Process Control,

2015,35：178-200.

[82] MIAO DU,PRASHANT MHASKAR. Isolation and handling of sensor faults in nonlinear systems[J]. Automatica,2014,50(4)：1066-1074.

[83] 周东华,胡艳艳.动态系统的故障诊断技术[J].自动化学报,2009,35(6)：748-758.

[84] 姜斌,赵静,齐瑞云,等.近空间飞行器故障诊断与容错控制的研究进展[J].南京航空航天大学学报,2012,44(5)：603-610.

[85] 孙蓉,刘胜,张玉芳.基于参数估计的一类非线性系统故障诊断算法[J].控制与决策,2014(3)：506-510.

[86] ZHAI S,WANG W,YE H. Fault diagnosis based on parameter estimation in closed-loop systems[J]. Control Theory & Applications Iet,2015,9(7)：1146-1153.

[87] AN L,SEPEHRI N. Hydraulic actuator circuit fault detection using extended Kalman filter[C]//Proceedings of the American Control Conference,2003：4261-4266.

[88] 葛哲学,杨拥民,温熙森.强跟踪 UKF 方法及其在故障辨识中的应用[J].仪器仪表学报,2008,29(8)：1670-1674.

[89] KADIRKAMANATHAN V. Particle filtering-based fault detection in non-linear stochastic systems[J]. International Journal of Systems Science,2002,33(4)：259-265.

[90] MICHELE COMPARE, PIERO BARALDI, PIETRO TURATI, et al. Interacting multiple-models,state augmented Particle Filtering for fault diagnostics[J]. Probabilistic Engineering Mechanics,2015,40：12-24.

[91] PREDRAG TADIC,ZELJKO DUROVIC. Particle filtering for sensor fault diagnosis and identification in nonlinear plants[J]. Journal of Process Control,2014,24：401-409.

[92] 张玲霞,刘志仓,王辉,等.非线性系统故障诊断的粒子滤波方法[J].电子学报,2015,43(3)：615-619.

[93] 蒋栋年,李炜.基于自适应阈值的粒子滤波非线性系统故障诊断[J].北京航空航天大学学报,2016,42(10)：2099-2106.

[94] KADIRKAMANATHAN V,LI P,JAWARD M H,et al. A sequential Monte Carlo filtering approach to fault detection and isolation in nonlinear systems[C]//Proceedings of the 39th IEEE Conference on Decision and Control. Piscataway, USA：IEEE,2000：245-250.

[95] CHEN M Z,ZHOU D H. Particle filtering based fault prediction of nonlinear systems[C]//Proceedings of IFAC Symposium Proceedings of Safe Process. Washington D C, USA：Elsevier Science,2001：2971-297.

[96] ORCHARD ME,VACHTSEVANOS GJ. A particle-filtering approach for on-line fault diagnosis and failure prognosis[J]. Transactions of the Institute of Measurement and Control,2009,31(3/4)：221-246.

[97] 廖瑛,吴彬,曹登刚.基于自适应观测器的导弹电动舵机故障诊断研究[J].系统仿真学报,2011,23(3)：618-621.

[98] 穆凌霞,余翔,李平,等.自适应广义滑模观测器之状态估计和故障重构[J].控制理论与应用,2017,34(4)：483-490.

[99] 李杰,齐晓慧,夏元清,等.线性/非线性自抗扰切换控制方法研究[J].自动化学报,2016,42(2)：202-212.

[100] ESTIMA J,CARDOSO A. A new algorithm for real-time multiple open-circuit fault

diagnosis in voltage-fed PWM motor drives by the reference current errors[J]. IEEE Transactions on Industrial Electronics,2013,60(8):3496-3505.

[101] SAMARA P,FOUSKITAKIS G,SAKELLARIOU J,et al. A statistical method for the detection of sensor abrupt faults in aircraft control systems[J]. IEEE Transactions on Control Systems Technology,2008,16(4):789-798.

[102] PAN N,WU X,CHI Y,et al. Combined failure acoustical diagnosis based on improved frequency domain blind deconvolution[J]. Journal of Physics:Conference Series,2012, 364(1):1-7.

[103] FENG Z,ZUO M. Fault diagnosis of planetary gearboxes via torsional vibration signal analysis[J]. Mechanical Systems and Signal Processing,2013,36(2):401-421.

[104] 胡昌华,许化龙. 控制系统故障诊断与容错控制的分析和设计[M]. 北京:国防工业出版社,2000.

[105] ZHANG J Q,YAN Y. A wavelet-based approach to abrupt fault detection and diagnosis of sensors[J]. IEEE Transactions on Instrumentation and Measurement,2001,50(5): 1389-1396.

[106] 吕柏权. 一种基于小波网络的故障检测方法. 控制理论与应用[J]. 1998,15(5): 802-805.

[107] KUMAMARU K,HU J,INOUE K,et al. Robust Fault detection using index of Kullback discrimination information[C]//Proceeding of IFAC World Congress,San Francisco, USA,1996:205-210.

[108] VENKATASUBRAMANIAN V,RENGASWAMY R,KAVURI S,et al. A review of process fault detection and diagnosis part Ⅲ:Process history based methods[J]. Computers & Chemical Engineering,2013,27(3):313-326.

[109] YANG F,XIAO D. Model and fault inference with the framework of probabilistic SDG. [C]//Control,Automation,Robotics and Vision,2006. ICARCV 06,9th International Conference on Control,2006:1-6.

[110] TARIFA E E,SCENNA N J. A methodology for fault diagnosis in large chemicalprocesses and an application to a multistage flash desalination process:Part Ⅱ[J]. Reliability Engineering & System Safety,1998,60(1):41-51.

[111] 闻新,周露. 神经网络故障诊断技术的可实现性[J]. 导弹与航天运载技术,2000,(2): 17-22.

[112] WANG H. Actuator fault diagnosis for nonlinear dynamic systems[J]. Transactions of the Institute of Measurement and Control,1995,17(2):63-71.

[113] WANG H. Fault detection and diagnosis for unknown nonlinear systems:a generalized framework via neural networks[C]//Proceedings of the IEEE Intemational Conference on Intelligent Proceessing Systems,1997:1506-1510.

[114] POLYCARPOU M M,HELMICKI A J. Automated fault detection and accommodation: a learning systems approach[J]. IEEE Transactions on Systems,Man and Cybernetics, 1995,25(11):1447-1458.

非线性系统故障可诊断性量化评价方法

2.1 引言

随着现代工程技术日益复杂化、集成化,系统发生故障的概率也随之增加。研究发现,系统故障可诊断性低是系统故障导致事故的主要原因之一,因此,如何切实地提高系统的故障可诊断性评价水平,并在系统设计阶段采取有效方法提供预防系统发生事故的手段,对于提高系统的安全可靠性尤为关键。

故障可诊断性评价是对系统进行故障诊断的前提和基础,研究表明,当故障可诊断性评价方法较少地依赖于故障诊断算法时,不仅可以使得故障可诊断性评价过程不依赖于系统残差的设计精度,还能更为准确地反映可诊断的真实水平,具有更强的现实意义。但遗憾的是,由于基于相似度评价的 KL 散度算法在针对非线性系统故障可诊断性的评价过程中,残差概率密度函数估计困难,且非线性结构的 KL 散度计算复杂度高等因素的存在,使得目前对于非线性系统的故障可诊断性量化评价还面临挑战。

为此,本章针对 KL 散度算法在解决非线性系统故障可诊断性量化评价过程中的关键问题,首先,引入稀疏内核密度估计方法对系统的残差概率密度函数进行估计,借助于蒙特卡洛方法,获取非线性系统故障可诊断性的量化评价指标;其次,考虑系统存在的测量噪声,以逆向思维方式估计满足系统故障可检测性和可分离性量化评价指标的测量噪声可行域;最后,在以典型非线性系统进行故障诊断的基础上,验证了本章内容的有效性,为非线性系统开展故障检测和分离研究奠定了坚实基础。

2.2　问题描述

为了问题的讨论,我们考虑这样一个非线性动态过程

$$\dot{x} = g(x, u, v, f)$$
$$y = h(x, u, w) \tag{2.2.1}$$

其中,$x \in R^n$ 为系统运行过程中的状态变量;$y \in R^m$ 为输入作用下的系统输出;$u \in R^q$ 为控制输入;g 和 h 为用于描述非线性动态过程的非线性函数;随机变量 v 和 w 为系统输入噪声和测量噪声,其概率密度函数假设已知;f 表示系统运行过程中可能出现的故障。

对于上述的非线性动态过程,为了对其进行安全性能评估,常用的方法是通过获取系统的残差信息,并提取残差中蕴含的有效信息,来判断系统面临的安全形势。这里,我们可通过比较输出信息 y 和估计信息 $\hat{y}$ 来得到残差数据,可表示为

$$r = y - \hat{y} \tag{2.2.2}$$

残差数据是对系统进行安全评估的基础,以对系统进行故障诊断为例,借助于残差数据不仅能够进行故障检测,判断系统是否发生故障,还可以通过残差数据的特征提取来进行故障数据的估计、定位,进而进行故障的有效分离。

对于残差数据,通过分析可知,当系统运行在理想状况下时,若系统未受到干扰、噪声等不确定因素的影响,也未发生任何性能退化及故障,那么所得到的残差数据应该为 0。如果是这样,会使得故障可诊断性问题变得比较简单,对于具备了故障可诊断性的故障情形,故障的存在势必会使得残差数据偏离 0 值,虽然偏离的具体形态各有不同,但是已足够判断这一故障情形是否可以被检测。当然,对于不满足故障可诊断性的故障情形,由于其测量信息不足,导致故障不能体现在残差数据中,需要对其进行基于测点信息的设计研究才能使其具备可诊断性能,这里我们暂且不做讨论。

由此推理,当系统正常运行时,系统残差 r 的概率密度函数 p_r 与测量噪声 w 的概率密度函数 p_w 应该相近,若二者之间产生偏差,则可判定有故障发生。对于系统中可能发生的不同故障,若系统具备了故障可诊断性,则这两种故障对应的残差概率密度函数 p_{r_1}、p_{r_2} 不仅与 p_w 之间有偏差,而且 p_{r_1} 和 p_{r_2} 之间也应该有所差异。

为了对式(2.2.1)的故障可检测性和可分离性进行有效评价,为进一步开展故障诊断奠定基础,就需要设计合理的评价策略对概率密度函数的差异度进行度量,进而实现对系统的故障可诊断性的评价。距离度量的方法有很多,如参考文献[1-2]中运用了欧氏(欧几里得)距离,通过状态变量之间的距离可以确定其可诊断性,以

及参考文献[3-5]运用的马氏(马哈拉诺比斯)距离,参考文献[6-7]中提出的改进的支持向量机方法均可借助状态间距离的引入对其可诊断性能进行评价。为了弥补传统距离测量的缺点,本章引入一种基于 KL 散度差异度评价的方法进行故障可诊断性的量化评价。

2.3   基于 KL 散度的故障可诊断性量化评价

2.3.1   KL 散度定义

KL 散度又称为相对熵,最初是由 Kullback 和 Leibler 于 1951 年提出的,通常作为两个概率分布的相似性测度被广泛用于统计学和模式识别中,常用来度量两个概率分布之间的差异。设 $f(x)$ 和 $g(x)$ 是定义在空间 $\mathbb{R}^d$ 上的两个概率密度函数,其中 d 是特征维数。因此,可以定义 $f(x)$ 和 $g(x)$ 之间的 KL 散度为

$$K(f \parallel g) = \int_{\mathbb{R}^d} f(x) \log \frac{f(x)}{g(x)} \mathrm{d}x \qquad (2.3.1)$$

式(2.3.1)的意义在于:对于给定的概率密度函数 $f(x)$ 和 $g(x)$,其差异性特征表现为 KL 散度。其满足如下的 3 个属性。

(1) 自相似性:即 $K(f \parallel f) = 0$。

(2) 自我同一性:当且仅当 $f = g$ 时,$K(f \parallel g) = 0$。

(3) 非负性:对于所有的 $f(x)$ 和 $g(x)$,均有 $K(f \parallel g) \geqslant 0$。

2.3.2   故障可诊断性量化评价基本原理

现在我们考虑式(2.2.1)中可能存在的两种故障 f_i 和 f_j,假定其对应的残差概率密度函数为 $p_i \in Y_{f_i}$ 和 $p_j \in Y_{f_j}$,其中 Y_{f_i} 与 Y_{f_j} 为两种故障作用下残差概率密度函数的集合。不难发现,p_i 和 p_j 的差异性越大,这两种残差数据的差异性也就越大,意味着这两种故障也越容易被分离[8-9]。从图 2.1 中也可以看出,不同的故障属于不同的残差概率密度函数集合,而分布集合的距离,对应着两种故障被分离的难易程度。

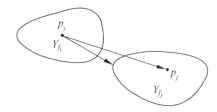

图 2.1   不同分布集合中概率密度函数的距离示意图

对于系统中的两种不同故障 f_i 和 f_j,为了应用理论方法来验证上述分析,实

现对不同故障的有效检测和分离,进而进行故障可诊断性的量化评价,考虑如下的假设检验

$$H_0: p = p_i \quad\text{——}\ 原假设$$

$$H_1: p = p_j \quad\text{——}\ 备择假设$$

其中,原假设为系统发生故障 f_i,系统残差概率密度函数为 p_i;备择假设为系统发生故障 f_j;系统残差概率密度函数为 p_j;为了对这两种假设情况进行区别,选用如下的似然函数

$$\lambda(r) = \log \frac{p_i(r)}{p_j(r)} \tag{2.3.2}$$

其中,p_i 为系统发生故障 f_i 时残差数据的概率密度函数;p_j 为系统发生故障 f_j 时残差数据的概率密度函数;$\lambda(r)$ 为定义的似然函数。

根据式(2.3.2)中似然函数的对数特性不难发现,当系统只发生故障 f_i 时,满足 $p_i > p_j$,可得 $E[\lambda(r)] > 0$;反之,当系统中只发生故障 f_j 时,$p_i \leqslant p_j$,则 $E[\lambda(r)] \leqslant 0$。可以发现,$E[\lambda(r)]$ 仅是通过其符号的变化就可确定系统中所发生的故障形式,即以一种故障指示器的作用鉴别系统中所发生的故障。$E[\lambda(r)]$ 数值代表着发生某一种故障程度的可能性,也就表示着这种故障区别于其他故障形式的困难程度,其表达式为

$$E[\lambda(r)] = E\left[\log \frac{p_i(r)}{p_j(r)}\right] \tag{2.3.3}$$

分析式(2.3.3)可以发现,正好满足 KL 散度的计算式

$$K(p_i \| p_j) = \int_{-\infty}^{+\infty} p_i(r) \log \frac{p_i(r)}{p_j(r)} \mathrm{d}r = E_{p_i}\left[\log \frac{p_i}{p_j}\right] \tag{2.3.4}$$

其中,$E_{p_i}[\log(p_i/p_j)]$ 表示在确定故障 f_i 残差概率密度 p_i 的情况下,$\lambda(r)$ 对应的期望值,当然也可以在确定 p_i 后求取 $K(p_i \| p_j)$,所得的结果是一致的。根据 KL 散度的性质可知,这里所得的故障可分离性量化评价指标具有不对称性,且满足

$$K(p_i \| p_j) \geqslant 0$$
$$K(p_i \| p_j) = 0, \quad p_i = p_j \tag{2.3.5}$$

若用两种概率密度函数之间 KL 散度的最小化来量化评价系统故障的可检测性 $\mathrm{FD}(f_i)$ 和可分离性 $\mathrm{FI}(f_i, f_j)$,则可通过下式得到

$$\mathrm{FD}(f_i) = \min[K(p_i \| p_{\mathrm{NF}})]$$
$$\mathrm{FI}(f_i, f_j) = \min[K(p_i \| p_j)] \tag{2.3.6}$$

其中,p_{NF} 为系统正常运行时系统残差概率的密度函数,它等同于系统所受到的测量噪声的概率密度函数。由于 $K(p_i \| p_j) \geqslant 0$,$\mathrm{FD}(f_i) \in (0, \infty)$,$\mathrm{FD}(f_i)$ 越大,就意味着故障 f_i 被检测的难度越小;当 $\mathrm{FD}(f_i) = 0$ 时,故障 f_i 不具备可检测性。同理,$\mathrm{FI}(f_i, f_j) \in (0, \infty)$,$\mathrm{FI}(f_i, f_j)$ 越大,故障 f_i 和 f_j 之间的可分离性越

强;当 $FI(f_i,f_j)=0$ 时,故障 f_i 和 f_j 不具备可分离性。

由此可见,一旦求取了残差概率密度函数的 KL 散度,就可以实现对系统故障可诊断性进行量化评价的目标。求解式(2.3.4)的关键是要计算残差数据的概率密度函数,对于残差概率密度函数的估计,传统方法是使用核函数估计方法,但是为了保证概率密度函数估计的准确性,通常会选用大量的数据来估算。因而,一种基于稀疏内核密度估计(sparse kernel density estimator,SKDE)的方法就显得更具优势,这种方法计算速度快,内存需求小,对概率密度函数的估计更加光滑且准确。

2.3.3 基于 SKDE 的概率密度函数估计

假定给定残差数据中有 N 个残差样本数据点,其集合为 $D_N=\{r_i\}_{i=1}^N$,对于残差数据集中的 $r_i\in R^m$,可以描绘其数据点所处的位置,但是并不知道其概率密度函数 $p(r)$。我们的做法是,首先,对数据集合 D_N 进行随机采样,形成一个新的数据集合 $D_M=\{r_1',r_2',\cdots,r_M'\}$,满足 $M<N$,那么概率密度函数 $p(r)$ 可以基于内核概率密度估计的方法得到

$$\hat{p}^{(M)}(\boldsymbol{r},\boldsymbol{\beta}_M,\boldsymbol{\sigma}_M)=\sum_{i=1}^M \boldsymbol{\beta}_i K_{\sigma_i}(r,r_i') \tag{2.3.7}$$

其中,$K_{\sigma_i}(r,r_i')$ 为概率密度函数估计的内核,且满足高斯特性;内核的中心向量为 $\boldsymbol{r}_i'$;内核宽度可调整为 σ_i,可表示为

$$K_{\sigma_i}(r,r_i')=\frac{1}{(2\pi\sigma_i^2)^{m/2}}\exp\left(-\frac{\|r-r_i'\|^2}{2\sigma_i^2}\right) \tag{2.3.8}$$

其中,β_i 为第 i 个内核的权值;$\boldsymbol{\sigma}_M=[\sigma_1,\sigma_2,\cdots,\sigma_M]^T$;$\boldsymbol{\beta}_M=[\beta_1,\beta_2,\cdots,\beta_M]^T$,且满足 $\boldsymbol{\beta}_M^T l_M=1$;$l_M$ 为全 1 的 M 维列向量。

若将 $\hat{z}^{(l)}(r)$ 代表第 l 步的概率密度估计,也就是

$$\hat{z}^{(l)}(r)=\sum_{i=1}^l \boldsymbol{\beta}_i^{(l)} K_{\sigma_i}(r,r_i') \tag{2.3.9}$$

且 $\boldsymbol{\sigma}_l=[\sigma_1,\sigma_2,\cdots,\sigma_l]^T$,$\boldsymbol{\beta}_l=[\beta_1,\beta_2,\cdots,\beta_l]^T$,采用下列算法就可对 $p(r)$ 进行估计

第 1 步,由于 $\boldsymbol{\beta}_1^{(1)}=1$,可得

$$\hat{z}^{(1)}(r)=K_{\sigma_1}(r,r_1') \tag{2.3.10}$$

在第 l 步,当 $l\geqslant 2$ 时,可通过如下方式对 $p(r)$ 进行估计

$$\hat{z}^{(l)}(r)=\lambda_l \hat{z}^{(l-1)}(r)+(1-\lambda_l)K_{\sigma_l}(r,r_l') \tag{2.3.11}$$

其中,将内核宽度从 σ_0 变化为 σ_l 即可得到 $K_{\sigma_l}(r,r_l')$。$0\leqslant\lambda_l\leqslant 1$,且 $\lambda_1=0$。

可见,采用上述的稀疏内核密度估计方法即可得到对残差概率密度函数 $p(r)$ 的估计,从而为量化评价系统的故障可诊断性提供保障。

2.3.4　基于蒙特卡洛方法的非线性函数估计

虽然已经求得了残差概率密度函数 $p(r)$,但对于式(2.3.4)的非线性结构,其求解依然面临困难。为了使用 KL 散度实现对故障可诊断性进行量化评价的目标,这里采用蒙特卡洛(Monte Carlo,MC)方法对式(2.3.4)进行近似求解。

蒙特卡洛方法是一种统计模拟方法[10],即以概率统计方法为核心的随机模拟计算方法。通过对需求解的过程进行统计模拟或抽样,达到近似求解的目的。对于复杂过程中求解困难、难以得到解析解的问题,蒙特卡洛方法也可以通过近似求得数值解。

利用蒙特卡洛方法,式(2.3.4)的计算过程可替换为

$$\hat{K}(p_i \parallel p_j) = \frac{1}{n_s} \sum_{i=1}^{n_s} \log \frac{\hat{p}_i(z_i)}{\hat{p}_j(z_i)} \qquad (2.3.12)$$

其中,通过对概率密度函数 $\hat{p}_i$ 进行采样;n_s 为采样后所得 $\{z_i\}_1^{n_s}$ 的个数。对蒙特卡洛估计过程,其估计误差通常满足正态分布,期望为 0,方差为

$$\sigma_{MC}^2 = \frac{1}{n_s} \left(E \left[\log \left(\frac{\hat{p}_i(z_i)}{\hat{p}_j(z_i)} \right) \right]^2 \right) \qquad (2.3.13)$$

也就是说,估计误差 $\tilde{r} \sim N(0, \sigma_{MC}^2)$,可知采样数 n_s 越大,采样过程点数越多,采用蒙特卡洛方法进行估计所得的误差也会越小。

借助于稀疏内核密度估计方法对残差概率密度函数进行估计,并结合蒙特卡洛方法对具有非线性结构的式(2.3.4)近似计算,即可获取不同故障情况下残差概率密度函数的 KL 散度,进一步可实现系统故障可诊断性的量化评价指标。

2.4　故障可诊断性评价指标约束下的数据测量噪声可行域分析

在上述对系统故障可诊断性量化评价过程中,并未考虑系统不确定性对残差数据造成的影响,然而,现实状况是,即使系统未发生性能退化,由于系统不可避免地受到各种不确定因素的影响,会使得残差数据偏离 0 值,并随着系统不确定因素的影响而波动。也就是说残差数据 r 在即使系统未发生故障时也是偏离 0 值而波动的。和 2.2 节中对残差数据的分析比较可以发现,当系统存在不确定性时会对故障可诊断性评价的研究带来影响。

如果仅考虑系统中由于测量过程中受到噪声、干扰、记录失误、非理想仪器等因素造成的不确定性,根据文献[11]中的分析,当系统未发生故障时,残差 r 的概率密度函数应该与系统测量噪声 w 的概率密度函数相近。按照这种理论,当系统残差 r 和系统测量噪声 w 概率密度函数发生偏差时,则认为系统可能发生了故障,这可以作为判断系统是否具备故障可诊断性的理论基础。对于具备故障可诊

断性的不同故障,其残差 r 概率密度函数的差异性,可作为故障可分离性的理论基础。

但是上述理论能否有效开展的关键在于能否在残差信号中准确分辨出测量噪声和系统故障,通过直观分析不难发现,测量噪声的增大无疑会增加从残差数据中分离故障的难度,从而直接导致故障诊断的误判。况且对于系统可能存在的微小故障,由于其幅值小、频率低等特点,极易淹没在系统的测量噪声之中,使得对故障的可检测性和可分离性降低,从而削弱了系统故障可诊断性,降低了系统的故障诊断效率和安全可靠性。

鉴于以上认识,若逆向考虑,则面临的问题是:一个实际的系统在什么样的噪声域下方可保证期望的故障可诊断性。为了解决这一问题,就需要对系统的测量噪声可行域进行分析设计。

2.4.1 不同测量噪声域下的残差数据分析

图 2.2 所示为一个不包含测量噪声的残差数据二维分布图,假设系统正常和系统发生 4 种故障时的残差数据分别位于不同颜色的区域内。对于图 2.2 中的情形,可以看出不同的残差区域很容易就可以作出区分,只要设计一个数据分类算法如欧氏距离算法,就可以实现其分类。首先,对于系统可能发生的 4 种故障,与正常情况相比,其可检测性是显而易见的。其次,对于这 4 种故障情形,其互相之间的分离也是比较容易实现的,即其具备了故障可分离性。既具备了故障可检测性又具备了故障可分离性,也就是图 2.2 中所示系统具备了故障的可诊断性能。

鉴于实际系统中不可避免会存在不确定性,对于图 2.2 中的残差数据,我们对其引入不同域的测量噪声,其数据状态表现如图 2.3 所示。

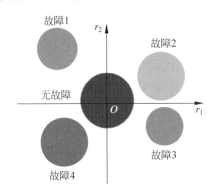
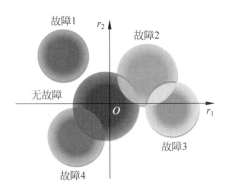

图 2.2　不含测量噪声的残差数据分布　　　图 2.3　含有测量噪声的残差数据分布
　　　　（见文后彩图）　　　　　　　　　　　　　　（见文后彩图）

从图 2.3 中可以看出,测量噪声的存在扩大了残差数据的范围,如果不对测量噪声的范围进行限制,就极易出现图 2.3 中不同残差数据的重叠情况。图 2.3 中故障 2 和故障 4 都与正常情形下的残差数据发生了重叠,而故障 2 还与故障 3 的残差数据发生了重叠。这种数据交叉行为的出现,为故障可检测性和故障可分离性的判别带来了困难。前面我们考虑的诸如欧氏距离等的数据相似性评价方法会因为数据的大量重复而导致评价错误,且个别测量数据的大范围跳变也会给这些评价方法造成误判。

从图 2.3 中所绘图形数据颜色热度的渐变特性我们不难看出,首先,虽然因为测量噪声的存在使得残差数据出现了重叠,但若按照数据出现的频率计算,大多数数据仍集中在不含噪声的数据范围之内;其次,若测量噪声增大,或是当故障幅值较小时,残差数据的重叠会更加严重;最后,为了对图 2.3 所示情形的残差数据进行分类,确定系统的可诊断特性,传统基于状态数据间距离的方法已经很难实现。如果不考虑故障幅值与故障分离方法的变化,则噪声域的变化则是制约系统能否具有故障可诊断性水平的决定因素。只要对噪声域有所限制,使上述残差数据域不发生交叠,就可以保证其故障可诊断性评价水平。那么,这个受限的噪声域便是下面要求解的问题。

上述图形中描述的故障数据情形可能具备一定的特殊性,事实上,很多系统中故障数据和正常数据都在 0 值范围波动,但故障数据包含了正常数据且比正常数据的波动范围更大。即便如此,我们认为上述分析是具有普遍意义的。

2.4.2　故障可检测性指标约束下的测量噪声可行域分析

假设系统在正常情况下的残差数据的概率密度函数为 p_{NF},当数据量大时,可假设 $p_{\text{NF}} \sim N(\mu_0, \sigma_0^2)$,那么确定测量数据可行域的问题也就是确认参数 μ_0 和 σ_0。当系统发生第 i 种故障 f_i 时残差数据的概率密度函数为 p_i,则这两者的差异度可通过 KL 散度来评价

$$K(p_i \parallel p_{\text{NF}}) = \int_{-\infty}^{+\infty} p_i(r) \log \frac{p_i(r)}{p_{\text{NF}}(r)} \mathrm{d}r \qquad (2.4.1)$$

当系统不存在测量噪声影响时,通过式(2.4.1)的引入,残差数据的异动可以较为灵敏地进行检测,保障了对系统故障的可检测性评价。然而由于系统中不可避免地存在测量噪声,当测量噪声域增加时,信噪比势必会降低,从而造成的可检测性评价指标(式(2.4.1))也会降低。

由于对于不满足可检测性的系统故障,其存在性在残差数据中难以体现,因此测量噪声的存在对其影响有限,在这里我们不做考虑,仅研究对于具备可检测性的故障,测量噪声对可检测性水平的影响。

因此,为了保障系统达到最基本的故障可检测性评价指标,我们需要限定故障可检测性的最低评价指标为 δ_d,以讨论在给定评价指标的情况下,测量噪声所需要满足的可行域,即

$$K(p_i \parallel p_{\text{NF}}) = \int_{-\infty}^{+\infty} p_i(r) \log \frac{p_i(r)}{p_{\text{NF}}(r)} \mathrm{d}r \geqslant \delta_d \qquad (2.4.2)$$

这里,若残差数据 r 服从正态分布,为了简化计算,可通过如下定理得到。

定理 2.1　若 $m(x)$、$n(x)$ 分别为 l 维正态分布 $N(U_1,V_1)$ 和 $N(U_2,V_2)$,则二者的相对熵为

$$K(m \parallel n) = \frac{1}{2}\left\{\log\frac{|V_2|}{|V_1|} + \mathrm{Tr}(V_1(V_2^{-1}-V_1^{-1}) + (U_1-U_2)^{\mathrm{T}}V_2^{-1}(U_1-U_2))\right\}$$

$$(2.4.3)$$

证明:由相对熵的概念可得

$$K(m \parallel n) = \int_{R^n} m(x)\log\frac{m(x)}{n(x)}\mathrm{d}x$$

$$= \int_{R^n} m(x)\log m(x)\mathrm{d}x - \int_{R^n} m(x)\log n(x)\mathrm{d}x$$

$$= -\frac{l}{2}\log 2\pi - \frac{1}{2}\log|V_1| - \frac{1}{2}\mathrm{Tr}(V_1 V_1^{-1}) + \frac{l}{2}\log 2\pi + \frac{1}{2}\log|V_2| +$$

$$\frac{1}{2}Tr(V_1 V_2^{-1}) + \frac{1}{2}\{(U_1-U_2)^{\mathrm{T}}V_2^{-1}(U_1-U_2)\}$$

$$= \frac{1}{2}\left\{\log\frac{|V_2|}{|V_1|} + \mathrm{Tr}(V_1(V_2^{-1}-V_1^{-1}) + (U_1-U_2)^{\mathrm{T}}V_2^{-1}(U_1-U_2))\right\}$$

由此可得测量噪声可行域的获取方式,如推论 2.1 所示。

推论 2.1　若残差数据 r 服从正态分布,即满足 $p_i \sim N(\mu_1,\sigma_1^2)$,$p_{\mathrm{NF}} \sim N(\mu_0,\sigma_0^2)$,则在给定故障可检测性评价指标 δ_d 的约束下,测量噪声的可行域为

$$\frac{1}{2}\left\{\log\frac{\sigma_1^2}{\sigma_0^2} + \frac{\sigma_0^2}{\sigma_1^2} - 1 + \frac{(\mu_1-\mu_0)^2}{\sigma_1^2}\right\} \geqslant \delta_d \qquad (2.4.4)$$

由于正态分布外观的相似性,通过式(2.4.4)的计算方式,不仅可以简化运算量,还可以拉大差异性的测量尺度。对于更一般情况下,式(2.4.2)的求解方法,我们将在后面进行进一步讨论。

2.4.3　故障可分离性指标约束下的测量噪声可行域分析

考虑系统可能发生的任意两个故障 f_i 和 f_j,在其作用下会有不同的残差信号变化,我们假设其分别对应的概率密度函数为 p_i 和 p_j,则其差异度也可以通过 KL 散度来进行评价

$$K(p_i \parallel p_j) = \int_{-\infty}^{+\infty} p_i(r)\log\frac{p_i(r)}{p_j(r)}\mathrm{d}r \qquad (2.4.5)$$

故障分离是一个很复杂的问题,由于系统中多存在一种征兆对应多种元件的可能故障,因此使得故障的有效分离变得困难。此外由于系统中存在的测量噪声的影响,使得数据范围会扩大,甚至出现数据重叠的现象,为故障可分离性甚至故障分离方法的研究都带来了更大困难。为了提高故障可分离性的评价指标,有必要对测量噪声的误差带进行限制,即对测量噪声的可行域进行分析研究。这里假

定对于两种不同的故障情形,其差异度的最低允许值为 δ_{ij},则应该满足

$$K(p_i \parallel p_j) = \int_{-\infty}^{+\infty} p_i(r) \log \frac{p_i(r)}{p_j(r)} \mathrm{d}r \geqslant \delta_{ij} \qquad (2.4.6)$$

如若故障 f_i 和 f_j 下的残差概率密度函数服从正态分布,同样地也可以使用定理 2.1 来使计算简化,如推论 2.2 所示。

推论 2.2 若残差数据 r 服从正态分布,即满足 $p_i \sim N(\mu_1, \sigma_1^2)$,$p_j \sim N(\mu_2, \sigma_2^2)$,则在给定故障可分离性评价指标 δ_{ij} 的基础上,测量噪声的可行域为

$$\frac{1}{2} \left\{ \log \frac{\sigma_1^2}{\sigma_2^2} + \frac{\sigma_2^2}{\sigma_1^2} - 1 + \frac{(\mu_1 - \mu_2)^2}{\sigma_1^2} \right\} \geqslant \delta_{ij} \qquad (2.4.7)$$

通过上述分析就可以通过限定故障可检测性和可分离性的性能指标,来获取系统测量噪声的可行域。对于可行域求解式(2.4.2)和式(2.4.6),可通过 2.3.3 节和 2.3.4 节中的稀疏内核密度估计方法和蒙特卡洛方法进行计算。

反过来,若我们可以知晓系统测量噪声的变化域,亦可通过前述方法的逆向证明,获得系统故障可检测性和可分离性的最大值,这为后续故障可诊断性的提升设计提供了更为实际的依据。

2.5 基于可诊断性评价的非线性系统故障检测

2.5.1 基于 KL 散度的故障检测

在对系统进行了故障可诊断性量化评价分析后,若系统具备对故障的诊断能力,就可以设计算法对系统进行故障检测和故障分离。本节设计了一种以 KL 散度为基础的故障检测方法,以验证故障可诊断性评价结果的正确性。

考虑到系统无故障和发生故障时残差特性,并计算其残差的概率密度函数,若当系统发生故障 f_i 时的残差概率密度函数为 p_i,系统正常运行时的残差概率密度函数为 p_{NF},则对于故障 f_i 的检测可通过下式进行

$$K(p_i \parallel p_{\mathrm{NF}}) \geqslant h \qquad (2.5.1)$$

其中,p_i 和 p_{NF} 可通过 2.3.3 节中所述的稀疏内核密度估计方法获取;h 为故障检测阈值。由于系统中不可避免地会受到噪声、干扰等不确定因素的影响,因此,在故障检测时,有必要首先设计 KL 散度计算的阈值,当超过阈值时可认为系统发生故障。

2.5.2 故障漏报率和误报率分析

在系统故障检测的过程中,由于残差数据随着系统不确定性和故障影响会在一定范围内波动,进而会导致系统产生故障的漏报和误报,而故障漏报率和误报率是判断故障检测准确性的重要评价指标,也是判断故障检测阈值设计是否合理的

关键因素,因而,需要首先对其进行分析。

通过假设检验的方式来对故障漏报率和误报率进行分析,系统故障漏报率和误报率可通过如下方式得到

$$P_{\text{FA}} = P(K(p_i \parallel p_{\text{NF}}) \geqslant h \mid H_0) \tag{2.5.2}$$

$$P_{\text{MA}} = P(K(p_i \parallel p_{\text{NF}}) < h \mid H_1) \tag{2.5.3}$$

其中,H_0 为原假设,代表系统正常运行;H_1 为备择假设,代表系统发生故障。

为了计算式(2.5.2)和式(2.5.3),关键是要求得 $K(p_i \parallel p_{\text{NF}})$ 的统计特性,也就是需要知道 $K(p_i \parallel p_{\text{NF}})$ 的概率密度函数。为了方便计算,若将 $K(p_i \parallel p_{\text{NF}})$ 假定为服从正态分布,则故障漏报率和误报率的求解就迎刃而解。但若是这样,就需要验证这种假设的可行性,可以对 $K(p_i \parallel p_{\text{NF}})$ 通过数据进行 Lilliefors 检验,所得的 5 组典型数据显著性水平均小于 0.06,证明这种假设是可行的。

既然 $K(p_i \parallel p_{\text{NF}})$ 服从正态分布,设 $K(p_i \parallel p_{\text{NF}})$ 的均值为 KLm,将蒙特卡洛估计误差 σ_{MC}^2 作为正态分布的方差,也就是 $K(p_i \parallel p_{\text{NF}}) \sim N(\text{KLm}, \sigma_{\text{MC}}^2)$。就得到 $K(p_i \parallel p_{\text{NF}})$ 的概率密度函数为

$$f_j(x) = \frac{1}{\sigma_{\text{MC}}\sqrt{2\pi}} e^{-(x-\text{KLm})^2/2\sigma_{\text{MC}}^2} \qquad j = 0,1 \tag{2.5.4}$$

若假设 H_0 为真,即当前为系统正常运行,设 $K(p_i \parallel p_{\text{NF}})$ 概率密度函数为 f_0,其均值 $\text{KLm}=\text{KLm}_0$,方差 $\sigma_{\text{MC}}=\sigma_{\text{MC0}}$;反之,若假设 H_1 为真,设 $K(p_i \parallel p_{\text{NF}})$ 概率密度函数为 f_1,其均值 $\text{KLm}=\text{KLm}_1$,方差 $\sigma_{\text{MC}}=\sigma_{\text{MC1}}$。

借助于式(2.5.4),可得故障误报率和故障漏报率的求解过程为

$$P_{\text{FA}} = P(K(p_i \parallel p_{\text{NF}}) > h \mid H_0) = 1 - \int_{-\infty}^{h} f_0(x)\,\mathrm{d}x \tag{2.5.5}$$

$$P_{\text{MA}} = P(K(p_i \parallel p_{\text{NF}}) < h \mid H_1) = \int_{-\infty}^{h} f_1(x)\,\mathrm{d}x \tag{2.5.6}$$

在求解 $f(x)$ 的分布函数时,运用如下的误差函数

$$\text{erf}(x) = \frac{2}{\sqrt{\pi}} \int_0^x e^{-t^2}\,\mathrm{d}t \tag{2.5.7}$$

则可得 $f(x)$ 的分布函数为

$$F(x) = \frac{1}{2} + \frac{1}{2}\text{erf}\left(\frac{x-\text{KLm}}{\sigma_{\text{MC}}\sqrt{2}}\right) \tag{2.5.8}$$

通过参考文献[12]中的分析可得,故障误报率和漏报率可借助下式得到

$$P_{\text{FA}} = 1 - 0.5 \times \left(1 + \text{erf}\left(\frac{h-\text{KLm}_0}{\sigma_{\text{MC0}}\sqrt{2}}\right)\right) \tag{2.5.9}$$

$$P_{\text{MA}} = 0.5 \times \left(1 + \text{erf}\left(\frac{h-\text{KLm}_1}{\sigma_{\text{MC1}}\sqrt{2}}\right)\right) \tag{2.5.10}$$

2.5.3 阈值的优化选取

从式(2.5.9)、式(2.5.10)不难看出,求解系统故障漏报率和误报率与故障检测阈值 h 的选取息息相关。阈值 h 选择较大,则故障误报率减小,而故障漏报率增大;反之,若阈值 h 选择较小,则故障漏报率减小,而故障误报率增大,可见,故障检测阈值的选取是系统能够准确检测故障的关键所在。

依据 $K(p_i \parallel p_{NF})$ 的统计规律,由于其服从正态分布,考虑统计过程中均值和方差的作用,可设计故障检测阈值为 $h = KLm_0 + \alpha \times \sigma_{MC0}$,其中,$\alpha$ 为阈值因子。可以看出,阈值调节的重要参数就是阈值因子 α,其大小直接影响着故障是否被漏报或误报,有必要对其进行优化选取。按照参考文献[13]中的优化算法,可以通过定义代价函数 $COST = P_{FA} + P_{MA}$ 的方式对 α 进行基于梯度下降的优化,优化算法如下。

算法 2.1 基于梯度下降的阈值因子优化算法。

设定初值为 $\alpha = \alpha_0$。

while $\Delta\alpha <$ Tol and $n_{iter} < n_{max}$ do

(1) $\Delta\alpha := -\nabla COST(\alpha)$(梯度)。

(2) 选取更新过程步长:ϕ。

(3) 更新过程:$\alpha_{k+1} = \alpha_k + \phi\Delta\alpha$。

end while

其中,P_{MA} 和 P_{FA} 分别为故障的漏报率和误报率;n_{iter} 为优化过程迭代中的当前步数;n_{max} 在算法为迭代结束前的最大运行步数;∇ 为优化过程中的梯度下降函数。

2.6 仿真研究与结果分析

为了运用文中方法,对非线性系统的故障可诊断性评价及测量噪声可行域等问题进行验证,本节借助于非恒温连续搅拌式反应堆为被控对象,由于该对象典型的非线性特征,满足文中方法的需求。在对被控对象进行故障可诊断性量化评价的基础上,还拟对该对象选取适当的故障检测算法,对系统可能发生的故障,在基于故障可诊断性评价的基础上进行故障检测研究。

2.6.1 仿真对象描述

参照参考文献[14-15]中的仿真对象模型,选用非恒温连续搅拌水箱式反应堆对本章所涉及的方法进行验证,其对象工艺过程如图2.4所示。该反应堆的工艺过程由两个反应器组成,即反应器1和反应器2,主要包含3个不可逆的基本发热反应,$A \xrightarrow{K_1} B$、$A \xrightarrow{K_2} U$、$A \xrightarrow{K_3} R$。对于这两个反应器,反应器1中添加的反应剂为 A,且其流量、浓度和温度分别为 L_0、C_{A0} 和 T_0。而反应器2作为反应器1的后端,其添加的反应剂为反应器1的生成物,以及反应剂 A,添加反应剂 A 的流量、浓度和温度分别为 L_3、C_{A03} 和 T_{03}。在两个反应器反应的过程中反应器温度符合非恒温特性,因此需要增加两个调节器 Q_{1h1} 和 Q_{2h2} 来进行温度调节。基于以上的工艺过程,借助于能量守恒原理和物料守恒原理,可求得该非恒温连续搅拌水箱式反应堆的数学模型为

$$\frac{\mathrm{d}T_1}{\mathrm{d}t} = \frac{L_0}{V_1}(T_0 - T_1) + \sum_{i=1}^{3} \frac{(-\Delta H_i)}{\rho c_p} R_i(C_{A1}, T_1) + \frac{Q_1}{\rho c_p V_1}$$

$$\frac{\mathrm{d}C_{A1}}{\mathrm{d}t} = \frac{L_0}{V_1}(C_{A0} - C_{A1}) - \sum_{i=1}^{3} R_i(C_{A1}, T_1)$$

$$\frac{\mathrm{d}T_2}{\mathrm{d}t} = \frac{L_1}{V_2}(T_1 - T_2) + \frac{L_3}{V_2}(T_{03} - T_2) + \sum_{i=1}^{3} \frac{(-\Delta H_i)}{\rho c_p} R_i(C_{A2}, T_2) + \frac{Q_2}{\rho c_p V_2}$$

$$\frac{\mathrm{d}C_{A2}}{\mathrm{d}t} = \frac{L_1}{V_2}(C_{A1} - C_{A2}) + \frac{L_3}{V_2}(C_{A03} - C_{A2}) - \sum_{i=1}^{3} R_i(C_{A2}, T_2) \qquad (2.6.1)$$

其中,$R_i(C_{Aj}, T_j) = k_{i0} \cdot \exp(-E_i/RT_j) \cdot C_{Aj}$,$(j=1,2)$,$T_j$ 为反应器反应过程中的温度变量;C_{Aj} 为反应器中添加的反应剂 A 的浓度;Q_j 为反应过程中的热传递比率;V_j 为上述反应堆中两个反应器的体积;ΔH_i($i=1,2,3$)为 3 个基本发热反应过程中的热含量;k_i 为反应过程指数常数;E_i 为 3 个发热反应过程中的触发能量;c_p 和 ρ 为常量,分别表示上述反应器反应过程中的热容量和流体密度。当反应堆正常运行时,其系统运行参数稳定,参数值如表 2.1 所示。

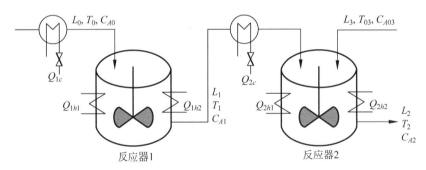

图 2.4　非恒温连续搅拌水箱式反应堆

表 2.1　非恒温连续搅拌水箱式反应堆的过程参数和稳态值

参　数	值	单　位
L_0	4.998	m³/h
L_1	4.998	m³/h
L_3	8	m³/h
V_1	1	m³
V_2	3	m³
R	8.314	J/mol

续表

参　　数	值	单　　位
T_0	280	K
T_{03}	280	K
C_{A0s}	2.4	kmol/m^3
C_{A03s}	2.6	kmol/m^3
Q_{1s}	0.7×10^6	kJ/h
Q_{2s}	0.3×10^6	kJ/h
ΔH_1	-1.00×10^5	J/mol
ΔH_2	-1.04×10^5	J/mol
ΔH_3	-1.08×10^5	J/mol
k_{10}	3.0×10^6	h^{-1}
k_{20}	3.0×10^5	h^{-1}
k_{30}	3.0×10^5	h^{-1}
E_1	5.0×10^4	J/mol
E_2	7.53×10^4	J/mol
E_3	7.53×10^4	J/mol
ρ	2000	kg/m^3
c_p	0.731	kJ/kg
T_{1s}	424.4	K
T_{2s}	444.5	K
C_{A1s}	1.69	kmol/m^3
C_{A2s}	0.89	kmol/m^3

对于上述非线性对象,对其测量噪声和系统噪声作如下假设,设方差阵为

$$
\boldsymbol{Q}_v = \begin{bmatrix} 0.001 & 0 & 0 & 0 \\ 0 & 0.001 & 0 & 0 \\ 0 & 0 & 0.001 & 0 \\ 0 & 0 & 0 & 0.001 \end{bmatrix} \quad \boldsymbol{Q}_w = \begin{bmatrix} 0.10 & 0 & 0 & 0 \\ 0 & 0.01 & 0 & 0 \\ 0 & 0 & 0.10 & 0 \\ 0 & 0 & 0 & 0.001 \end{bmatrix}
$$

2.6.2　不同故障模式下残差概率密度函数估计

考虑该非恒温连续搅拌水箱式反应堆可能运行过程中常见的 4 种故障模式,具体如表 2.2 所示。

表 2.2　反应堆的 4 种故障模式

故　　障	稳　态　值	故　障　值
F_1：温度传感器偏差 T_0/℃	280	295~311
F_2：流量传感器偏差 L_0/(m^3/h)	4.998	5.25~5.5
F_3：温度传感器偏差 T_{03}/℃	280	295~311
F_4：流量传感器渐变故障 L_1/(m^3/h)	4.998	5.25~5.5

对于系统中常见的 4 种故障情况,每次仅考虑一种故障模式,并假设系统发生故障的采样时间为 50～100s。如系统具备故障可诊断性,则故障的存在,势必会使得残差数据发生波动,可运用 2.3.3 节的稀疏内核密度估计方法对残差概率密度函数进行估计,估计结果如图 2.5 所示。

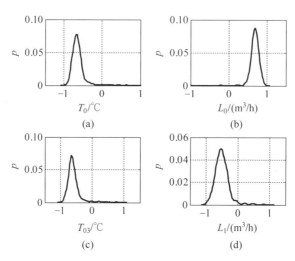

图 2.5　残差概率密度函数估计

(a) F_1；(b) F_2；(c) F_3；(d) F_4

2.6.3　故障可诊断性量化评价结果分析

获取了残差数据的概率密度函数之后,就可以对 4 种故障情况进行故障可诊断性的量化评价,评价结果如表 2.3 所示。

表 2.3　反应堆常见故障可诊断性量化评价

	FD	F_1	F_2	F_3	F_4
F_1	6.2380	0	7.3885	1.2458	1.7239
F_2	5.4027	6.8118	0	5.6112	6.3058
F_3	4.0592	1.2942	8.3081	0	0.2099
F_4	2.9958	1.9875	7.8430	0.2411	0

对表 2.3 中的故障可诊断性量化评价结果进行分析可得:①系统中 4 种常见故障均具备可检测性,且可检测性量化指标大小不一,其中故障 F_1 可检测性最大,为 6.2380,故障 F_4 可检测性最小,为 2.9958。故障可检测性量化评价指标从高到低的排序为:$F_1 > F_2 > F_3 > F_4$。②系统中常见的 4 种故障均具备可分离性,并且可分离性评价结果不对称,即 $\mathrm{FI}(F_i, F_j) \neq \mathrm{FI}(F_j, F_i)$。4 种故障模式可被相互分离的量化指数也各不相同,如故障 F_1 与 F_2,以及 F_3 与 F_4 其可分离性量化评价指标分别为 7.3885 和 0.2099,强弱区别明显。

可以看出,借助于文中基于 KL 散度的故障可检测性和故障可分离性量化评价方法,可实现对复杂系统进行故障可诊断量化评价的目的,进而为系统进行下一步的故障诊断奠定基础,对于提高系统的安全可靠运行提供了坚实保障。

2.6.4　测量噪声对故障可诊断性量化评价的影响

上面的分析过程中,虽然系统具备了较好的故障可检测性和故障可分离性,但是我们并没有考虑系统中测量噪声的影响。假设系统的测量噪声服从正态分布,满足 $w \sim N(0,0.2)$,则系统残差如图 2.6 所示。

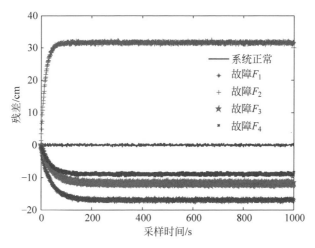

图 2.6　测量噪声下系统残差曲线(见文后彩图)

可以直观看出,即使是在当前的测量噪声影响下,系统正常情况下和故障情况下的残差数据依然有比较好的分离特性,且对于系统故障时的不同残差数据也有较大的差异,对于这种情况,使用传统基于欧氏距离的数据差异度分析就可以完成故障可诊断性的评价。但是,不管是从表 2.3 还是从图 2.6 都不难发现,故障 F_1、F_3、F_4 的可分离性并不是很强,测量噪声如果逐渐增大,则对其影响将会很大。

图 2.7 所示为不同测量噪声下的残差数据曲线,从图中可以看出,随着测量噪声方差的增加,故障 F_1、F_3、F_4 的残差曲线逐渐重合,为故障的互相分离带来了困难,降低了系统的故障可分离性评价指标。

2.6.5　测量噪声的可行域仿真分析

可见,为了保障系统故障可诊断性的评价指标,必须对系统的测量噪声域进行限制。这里我们给定故障可检测性和可分离性的评价指标最低允许值为 $\delta_d = 1.0$、$\delta_i = 1.0$。由此我们可以通过文中所给定的测量噪声可行域的计算方法确定其参数值,如表 2.4 所示。从表 2.4 可以看出,随着测量噪声方差的不断增大,故障可

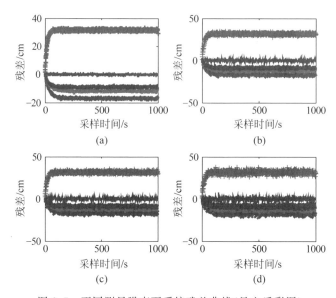

图 2.7 不同测量噪声下系统残差曲线(见文后彩图)

(a) $w \sim N(0,0.5)$;(b) $w \sim N(0,0.8)$;(c) $w \sim N(0,1.2)$;(d) $w \sim N(0,1.5)$

分离性的指标逐渐减小;均值的变化对可分离性的评价指标影响有限,但通过实验可以验证其变化对于系统的稳定性具有很大影响力,均值增大会导致系统不稳定。其中,当 $\mu_0 = 0$ 时,方差增加为 $\sigma_0 = 1.5$ 就会导致故障 F_3 和 F_4 的可分离性低于阈值。而当 $\mu_0 = 0.5$ 时,方差为 $\sigma_0 = 1.2$ 以上就会使得故障 F_3 和 F_4 失去可分离性。

表 2.4 基于 KL 散度的非线性系统故障可分离性评价结果

		$\sigma_0=0.5$	$\sigma_0=0.8$	$\sigma_0=1.0$	$\sigma_0=1.2$	$\sigma_0=1.5$	$\sigma_0=2.0$	$\sigma_0=2.5$	$\sigma_0=3.0$
$\mu_0=0$	F_1,F_2	242.15	222.57	217.69	195.48	175.26	142.78	105.80	83.24
	F_1,F_3	2.7369	2.4951	2.4223	2.1212	1.9807	1.5732	1.2472	1.0294
	F_1,F_4	6.8078	6.1656	5.8939	5.3261	4.8636	3.8083	2.8577	2.3934
	F_2,F_3	115.58	106.82	105.35	97.181	89.689	75.715	64.867	58.227
	F_2,F_4	101.57	93.989	92.834	85.268	78.526	66.592	57.273	51.215
	F_3,F_4	1.4537	1.2418	1.0793	1.0213	0.8855	0.5855	0.4156	0.3502
$\mu_0=0.5$	F_1,F_2	247.39	230.02	210.99	197.73	175.50	140.79	107.76	90.059
	F_1,F_3	2.7955	2.6302	2.4247	2.2790	1.9507	1.6353	1.0568	1.0038
	F_1,F_4	6.9525	6.4617	5.8849	5.4837	4.7707	3.7963	2.7623	2.3265
	F_2,F_3	112.47	107.73	111.50	101.39	92.816	75.652	68.851	53.169
	F_2,F_4	98.809	94.574	97.920	89.249	80.772	66.774	60.050	46.841
	F_3,F_4	1.4492	1.3003	1.1656	0.9804	0.8439	0.5628	0.4744	0.3251

由于故障 F_1、F_3、F_4 的可分离性指标代表着系统故障可诊断性的最低值,因此,我们对这 3 种故障进行基于可分离性评价的测量噪声可行域分析。具体结果如图 2.8 所示。

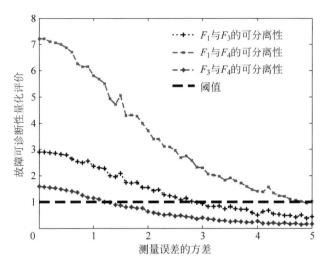

图 2.8 测量噪声下故障可分离性量化评价(见文后彩图)

2.6.6 微小故障下的测量噪声的可行域分析

从图 2.7 中可以看出,测量噪声的增大会使得残差曲线重合,从而导致系统的故障可诊断性评价指标低。但更为严重的是,当系统故障为微小故障时,这种趋势会更加明显,故障可诊断会愈加困难。如表 2.5 所示为系统所发生的微小故障。

表 2.5 反应堆的微小故障模式

故 障	稳 态 值	故 障 值
F_1:温度传感器偏差 T_0/℃	280	280.5~281
F_2:流量传感器偏差 L_0/(m³/h)	4.998	5.0~5.15
F_3:温度传感器偏差 T_{03}/℃	280	280.5~281
F_4:流量传感器渐变故障 L_1/(m³/h)	4.998	5.0~5.15

在如表 2.5 所示的微小故障作用下,故障的可分离性评价指标如图 2.9 所示。

从图 2.9 可以看出,随着故障的减小使得残差相应的变小,导致了故障 F_1、F_3、F_4 相互之间的可分离性进一步弱化,方差在仅为不足 0.5 时就已经不能保障其可分离性了。

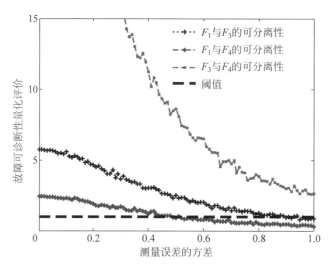

图 2.9   微小故障下故障可分离性量化评价(见文后彩图)

2.6.7   基于可诊断性评价结果的故障检测

由 2.6.3 节的分析可得,系统对可能发生的 4 种传感器故障具有较好的故障可检测性,下面运用故障检测算法对上述结论进行验证。根据文中分析,阈值选取的大小是决定故障检测是否准确的关键因素,因此运用 2.5.3 节所设计的梯度下降优化算法,对系统阈值因子进行优化计算,可得在 4 种故障模式下优化的阈值因子分别为 $\alpha_1 = 2.52$、$\alpha_2 = 2.50$、$\alpha_3 = 2.49$、$\alpha_4 = 2.48$。进一步运用故障漏报率和误报率的计算方法,获取故障检测阈值为 $h_1 = 0.32$,$h_2 = 0.32$,$h_3 = 0.31$,$h_4 = 0.30$,进而可对非恒温连续搅拌水箱式反应堆常见故障 F_1、F_2、F_3、F_4 进行检测,所得的故障检测结果如图 2.10~图 2.13 所示,故障检测过程中的故障检测漏报率和误报率如表 2.6 所示。

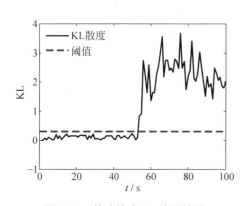

图 2.10   故障模式 F_1 检测结果

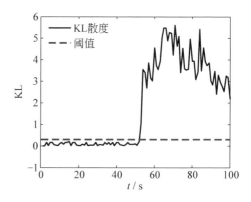

图 2.11   故障模式 F_2 检测结果

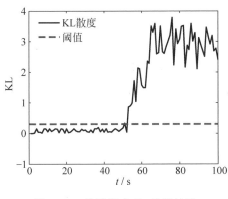

图 2.12　故障模式 F_3 检测结果

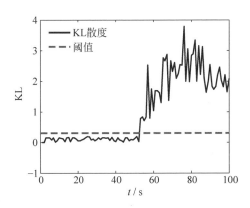

图 2.13　故障模式 F_4 检测结果

表 2.6　故障检测漏报率和误报率

故　障	漏　报　率	误　报　率
F_1：温度传感器偏差 $T_0/℃$	0.0562	0
F_2：流量传感器偏差 $L_0/(m^3/h)$	0.0489	0
F_3：温度传感器偏差 $T_{03}/℃$	0.1052	0
F_4：流量传感器渐变故障 $L_1/(m^3/h)$	0.0560	0

　　从图 2.10～图 2.13 可以看出，通过阈值的优化设计，当系统正常运行时，故障检测指标 $K(p_i \| p_{NF})$ 即 KL 散度在阈值 h 内波动，其波动的主要原因是系统受到噪声、干扰等不确定性因素的影响，但是由于未超过故障阈值，判定为系统运行正常。当系统发生故障时，故障检测指标 $K(p_i \| p_{NF})$ 超过阈值 h，产生故障预警，判定为系统发生故障。由于文中方法对阈值因子进行了优化，保障了较低的故障漏报率和误报率，提升了系统的故障检测准确性。

　　由上述分析可得，在对系统可能发生的 4 种传感器进行故障可诊断性量化时，从量化评价结果可看出，虽然 4 种故障互相分离时强弱有别，但均具有良好的故障可检测性。进一步借助基于 KL 散度的故障检测算法对系统故障进行检测，图 2.10～图 2.13 所示的检测结果验证了故障可检测性的评价结果，证实了使系统具备故障可诊断性是故障诊断的基础，也即在故障检测之前，对系统故障可检测性进行有效评价分析是非常必要的。

2.7　本章小结

　　故障的可检测性和可分离性是控制系统进行故障诊断的基础，由于目前针对故障可诊断性的研究多为定性的判断研究，定量研究虽取得了一些初步成果，但也集中于线性系统。因此，本章提出了一种针对非线性系统的故障可诊断性量化评价方法。首先,综合运用 KL 散度算法、稀疏内核密度估计方法和蒙特卡洛方法为实现对非线性系统进行故障可诊断性量化评价提供了理论方法;其次,考虑到系统测量噪声对故障可诊断性量化评价指标的影响,深入分析了保障其评价指标的测量噪声允许域;最后,设计了一种基于 KL 散度的故障检测算法对文中方法进行了验证。

故障可诊断性作为系统安全保障的基础防线,目前的研究还很不充分,尤其是对于现代工业过程的复杂对象,其工艺过程异常复杂,模型建立颇为困难,因此,设计不依赖于系统数学模型和精确残差设计的数据驱动方法,所以进行故障可诊断性评价就显得尤为重要。既然是评价过程,那就要面临故障可诊断性不满足评价指标的情况,这也往往是系统故障导致事故的重要诱因。因而,在对系统进行故障可诊断性评价的基础上,如何在评价指标低时为系统增设测点来提高系统的故障可诊断性评价水平,进而提升系统运行的安全可靠性成了一个承前启后的课题,其直接关联了以故障可诊断性评价为基础的系统设计和以测点传感器安装为基础的系统故障诊断,也是接下来的主要工作。

参考文献

[1] LIU Y J,CHEN T,YAO Y. Nonlinear process monitoring and fault isolation using extended maximum variance unfolding[J]. Journal of Process Control,2014,24(6): 880-891.

[2] ZHAO C,SUN Y. Comprehensive subspace decomposition and isolation of principal reconstruction directions for online fault diagnosis[J]. Journal of Process Control,2013,23: 1515-1527.

[3] TAO X C,LU C,WANG Z L. An approach to performance assessment and fault diagnosis for rotating machinery equipment[J]. EURASIP Journal on Advances in Signal Processing, 2013,1: 1-16.

[4] LIN J,CHEN Q. Fault diagnosis of rolling bearings based on multifractal detrended fluctuation analysis and Mahalanobis distance criterion[J]. Mechanical Systems and Signal Processing,2013,38: 515-533.

[5] TAMILSELVAN P,WANG P F. Failure diagnosis using deep belief learning based health state classification[J]. Reliablity Engineering & System Safety,2013,115: 124-135.

[6] MAHADEVAN S,SHAH S L. Fault detection and diagnosis in process data using one-class support vector machines[J]. Journal of Process Control,2009,19: 1627-1639.

[7] SHEN C,WANG D,KONG F,et al. Fault diagnosis of rotating machinery based on the statistical parameters of wavelet packet paving and a generic support vector regressive classifier[J]. Measurement,2013,46: 1551-1564.

[8] ERIKSSON D,KRYSANDER M,FRISK E. Quantitative fault diagnosability performance of linear dynamic descriptor models[C]//22nd international workshop on principles of diagnosis (DX-11). Murnau,Germany,2011.

［9］ ERIKSSON D，KRYSANDER M，FRISK E. Quantitative stochastic fault diagnosability analysis［C］//50th IEEE conference on decision and control. Orlando，Florida，USA，2011.

［10］ DOUCET A，GODSILL S，ANDRIEU C. On sequential monte carlo sampling methods for Bayesian filtering［J］. Statistics and Computing，2000，10(3)：197-208.

［11］ 李文博，王大轶，刘成瑞.动态系统实际故障可诊断性的量化评价研究［J］.自动化学报，2015，41(3)：497-507.

［12］ YOUSSEF A，DELPHA C，DIALLO D. An optimal fault detection threshold for early detection using Kullback-Leibler divergence for unknown distribution data［J］. Signal Processing，2016，120：266-279.

［13］ BARTYS M，PATTON R，SYFERT M，et al. Introduction to the DAMADICS actuator FDI benchmark study［J］. Control Engineering Practice，2006，14(6)：577-596.

［14］ GANDHI R，MHASKAR P. A safe-parking framework for plant-wide fault tolerant control［J］. Chemical Engineering Science，2009，64(13)：3060-3071.

［15］ ALROWAIE F，GOPALUNI R，KWOK K. Fault detection and isolation in stochastic non-linear state-space models using particle filters［J］. Control Engineering Practice，2012，20(10)：1016-1032.

非线性系统故障可诊断性设计方法

3.1 引言

随着研究的不断深入,人们发现测量信息不足是造成系统故障可诊断性低的决定性因素之一。因此,基于非线性系统故障可诊断性评价结果,采用有效方法进行故障可诊断性设计,对于提高系统的故障诊断能力显得尤为重要。通过分析系统故障可检测性和可分离性的原理发现,系统不具备可检测性通常是由于发生故障的部件在系统中不具备可测条件,而不具备可分离性则是因为系统中存在着故障与测量变量之间多对多的映射关系,当测点数量不足以分离故障状态时导致故障不具备可分离性。归根结底,测点数量不足是使得系统中故障不具备可检测性或可分离性的关键因素。因此,基于测点配置的故障可诊断性设计是提升系统故障可诊断性评价水平的核心所在。

对故障可诊断性进行设计的研究始于 20 世纪 70 年代末,针对测点而展开,即对于不可检测、不可分离的故障集合,给出使所有故障可检测或可分离的最优测点集合。其主要方法包括基于故障传播关系及基于变量约束关系等的测点设计方法[1-4],但这些算法仅对已有的测量信息进行了优化,并没有从根本上解决测量信息不足这一问题。当然,基于传统方法,进行硬传感器的增设可以增加系统的测点信息,但不容忽视的问题是,由于系统设计中的安装空间、技术、成本等因素的限制,使得有些测量数据通过硬传感器获取难度大且不经济。一种可行的方法是,在充分了解对象机制的基础上,结合已有的操作变量和可测信息,通过建立需测量变量与已测变量间的数学关系,用软件(软传感器)的方式来替换硬传感器,从而确保获取足够的测点信息,以保障系统的故障可诊断性评价指标得以满足。参考文献[5]、参考文献[6]运用软测量方法,对系统中难以测量或是暂时不可测量的变量,通过构造某种数学关系来进行推断和估计,以软传感器替代了硬传感器。就测量信息的获取而言,软、硬传感器并无本质区别,故而,可将软传感器和硬传感器统称为测点传感器。鉴于此,将系统故障可诊断性作为系统设计指标之一,结合系统特性,以增添硬、软传感器为主要方式对测点进行优化设计,这对满足具有较高故障可诊断性的设计需求有着重要的现实意义。

鉴于此,为了提升系统故障可诊断性评价水平,本章提出了一种基于故障可诊断性量化评价的可诊断性设计方法,通过分析制约故障可诊断性的关键因素,设计了基于贪心算法的测点传感器配置方法,并借助于软传感器的设计和基于故障自身属性的可分离性设计方法,期望在节约系统成本和简化设计复杂度的同时,提高系统的故障诊断能力,使得系统具有更高的安全性和可靠性。

3.2　故障可诊断性评价分析

3.2.1　评价原理分析

为了对系统实现故障的有效检测和分离,就需要获取基本的测量数据,通过对测量数据进行分析,来判定系统是否发生了故障,或是系统中的多种故障模式是否能够实现分离。这在一定程度上类似于医生需要通过各种检查才能判断病人的病情。因此,问题的关键在于需要评价故障可以被检测的难度有多大,多种故障之间分离的难度有多大,也就是需要对系统可能发生的故障进行可诊断性的量化评价。

为了问题的讨论,我们考虑这样一个非线性动态过程

$$\dot{x} = g(\boldsymbol{x}, u, f)$$
$$y = h(\boldsymbol{x}, u, w) \tag{3.2.1}$$

其中,$\boldsymbol{x} \in R^n$ 为系统的状态向量;$y \in R^m$ 为系统输出;$u \in R^q$ 为输入函数;g 和 h 为非线性函数;随机变量 w 为已知概率密度函数的测量噪声;f 为系统故障或传感器故障。

对于上述的非线性动态过程,为了对其进行安全性能评估,常用的方法是通过获取系统的残差信息,提取残差中蕴含的有效信息,来判断系统面临的安全形势。考虑到系统在稳定运行的过程中,状态变量会趋向于稳定,可以通过比较状态测量信息 $\boldsymbol{x}$ 和一个稳定的状态期望信息 $\hat{x}$ 来得到系统状态残差数据,即有

$$r = \boldsymbol{x} - \hat{x} \tag{3.2.2}$$

假定系统有 m 种故障模式 $f_1, f_2, \cdots, f_m (m \geq 2)$,故障模式集合 $F = \{f_k | k = 0,$

$1,\cdots,m\}$，当系统正常运行时，可将系统故障模式设定为 f_0。这样一来，系统就有 $m+1$ 种可能的运行状态，记为 $S_k(k=0,1,2,\cdots,m)$，S_k 代表系统的运行状态，包括 m 种故障状态和系统正常运行的状态。在对系统运行状态进行检测的基础上，可得其测量变量为 $x_1,x_2,\cdots,x_n(n\geqslant1)$，该变量为系统当前运行的状态变量，其对应的状态残差数据为 $r_1,r_2,\cdots,r_n(n\geqslant1)$。通过观测系统运行状态和残差变量之间的对应关系可以达到对系统进行故障诊断的目的，如图 3.1 所示。可以看出，系统运行状态和残差变量之间并不是一对一的对应关系，每一种系统的运行状态都可能对应多个不同残差变量的变化，而每一个系统的残差变量也可能是由于多个系统状态引发的。残差分析是对系统故障进行检测和分离的基础，理想状况下，如果残差数据和系统状态能够形成一对一的映射关系，则故障的检测和分离会变得很容易。但是从图 3.1 中不难看出，系统运行状态和残差变量之间是一种多对多的映射关系，这就使得工业过程中对故障的可诊断性分析变得困难。

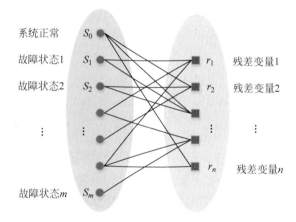

图 3.1　系统运行状态与残差变量映射关系(见文后彩图)

　　为了便于直观的分析，可以将系统运行状态放置在以残差变量为坐标轴的直角(笛卡儿)坐标系中，如图 3.2 所示。图 3.2 中建立的坐标系为三维直角坐标系，当然，这样的坐标系可以是四维的，也可以是多维的。在参考文献[7]中已经进行了验证，残差坐标系的维数越高，所得的故障可分离性指标越大。通过图 3.2 可以看出，系统运行状态分布于三维坐标系内，由于其各个故障状态点 $S_i(i=1,2,\cdots,5)$ 与正常运行状态点 S_0 不同，可以判定当前故障状态具备可检测性。并且，由于各个故障状态点 $S_i(i=1,2,\cdots,5)$ 并未发生重合，因此，可以判定各个故障状态互相之间具备可分离性。然而，由于系统不可避免地受到噪声、干扰等不确定因素的影响，系统运行状态不可能仅是位于一个状态点，而应该是一个以该点为范围的区域，也就是图 3.2 中以 S_i 为中心的区域。如果系统运行状态不再是独立的点，而是一个范围的话，则各个运行状态就很可能发生数据重叠，从而造成故障可诊断性水平低，如图 3.3 所示。图 3.3 为二维直角坐标系下的残差数据分布，可以看出，由于不确定因素的影响,残差数据发生了交叠,这就为故障状态的检测和分离带来了困难。

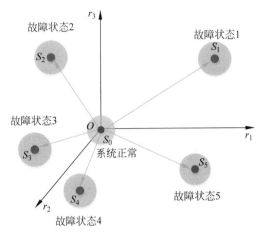

图 3.2　系统残差变量三维空间(见文后彩图)

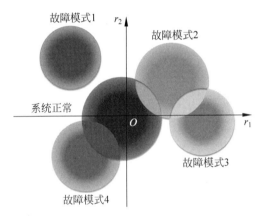

图 3.3　二维空间下残差数据分布(见文后彩图)

　　通过上述分析可以看出,我们需要寻找合适的故障可诊断性评价方法,以系统的测量数据为依托,对可能发生的系统故障进行可检测性和可分离性的评价。参考文献[7]中选用了利用欧氏距离的方法对不同系统状态下的测量数据计算其距离,以此来判断系统故障是否具备可检测性或是可分离性。但是对于图 3.2 中以区域范围为对象的差异度判别,如果选用基于其区域范围内数据的概率分布相似度的评价方法会更为适合。

3.2.2　故障可诊断性定量评价原理分析

　　考虑系统中可能发生的任意两种故障 f_i 和 f_j,由于其不可避免地受到系统测量噪声的影响,其对应的残差数据中必然包含了系统正常情况下的噪声数据,假定其对应的残差概率密度函数为 $p_i \in Y_{f_i}$ 和 $p_j \in Y_{f_j}$，其中 Y_{f_i} 与 Y_{f_j} 为其对应的概率密度函数所属的集合。不难发现，p_i 和 p_j 的差异性越大，这两种残差数据的差异性也就越大，意味着这两种故障也越容易被分离。2.2 节中已经对这种推论进行了理论验证，并得到故障可检测性 $FD(f_i)$ 和可分离性 $FI(f_i, f_j)$ 公式如下

$$FD(f_i) = \min[K(p_i \parallel p_{NF})] \tag{3.2.3}$$

$$FI(f_i, f_j) = \min[K(p_i \parallel p_j)] \tag{3.2.4}$$

其中，p_{NF} 为系统正常运行时系统残差概率的密度函数，它等同于系统所受到的测量噪声的概率密度函数。由于 $K(p_i \parallel p_j) \geqslant 0$，$FD(f_i) \in (0, \infty)$；$FD(f_i)$ 越大，就意味着故障 f_i 被检测的难度越小；当 $FD(f_i) = 0$ 时，故障 f_i 不具备可检测性。同理，$FI(f_i, f_j) \in (0, \infty)$；$FI(f_i, f_j)$ 越大，故障 f_i 和 f_j 之间的可分离性越强；当 $FI(f_i, f_j) = 0$ 时，故障 f_i 和 f_j 不具备可分离性。

在对系统故障可诊断性进行定量评价之后，就可以获取在基于系统测量数据的前提下，系统故障可检测性和可分离性的量化评价指标。如果其评价指标为系统故障满足可诊断性，那么接下来就可以为系统设计故障诊断算法，以此来应对系统中可能发生的故障。然而，如果系统不具备故障可诊断性，或是故障可诊断性评价水平低时，就不得不考虑故障可诊断性的设计问题。

3.3　故障可检测性设计

故障可诊断性包括故障可检测性和故障可分离性，因此，故障可诊断性设计也包括故障可检测性设计和故障可分离性设计。通常而言，故障可诊断性评价水平低的主要原因是系统获取的测量信息不足。

3.3.1　故障可检测性设计原理分析

系统中通常包括可测部分和不可测部分，对于可测部分而言，或是体现于数学模型，或是已经安装适当的测点获取了其状态变量，因此，该部分发生故障时，会直接反映在状态变化中，可以为故障检测算法捕获，具备较好的故障可检测性。然而，对于系统不可测部分由于其内部特性未知，其内部可能未分布状态变量或是没有为其安装测点，因此其测量信息未知，在故障发生的早期难以为诊断算法所感知，直至演变为大故障，甚至于造成事故。例如，车载发电系统的速度调节系统，当发动机调速器模块出现老化时，由于故障发生缓慢且演变过程长，并且其内部存在闭环，闭环负反馈的调节特性使得这种演变故障长期被掩盖，难以体现在系统的状态观测点中，这就使得系统能耗增加、寿命退化加快。

因此，当系统故障可检测性评价水平低时，有必要对系统进行故障可检测设计，提升其故障检测水平，保障系统的安全可靠运行。

3.3.2 基于贪心算法的系统测点设计

对于不具备可检测性的故障,通过上述分析可知,其关键是未获取足够的与该故障相关的测量数据,即测点信息不足。可见,故障的不可检测是与系统自身的结构相关的。要让不可检测的故障可测,就需要在系统设计之初改进系统结构,使得有足够的信息为故障的可检测性作支撑。

假定系统式(3.2.1)中的某一故障模式 $f_i(1 \leqslant i \leqslant m)$ 不具备可检测性或可检测性量化评价指标低,则意味着系统所有测量变量 $x_1, x_2, \cdots, x_n$ 对 f_i 均不敏感,也意味着该故障处于系统的不可观测区域,而该区域没有足够的测量变量。可见,若使 f_i 可检测,就需要增添与之相关的测点,并使其进入可观测区域。

系统测点传感器的增添属于系统的前事件,即系统设计之初就应该配备的运行条件。在保障系统具备期望的故障可诊断性的基础上,对于测点传感器的增添需要考虑两个问题:其一是需要增添什么样的测点传感器,其二是在什么位置添加测点传感器。

对于实际工业系统而言,按照故障的传播规律,任何故障的发生都会引起相关部件或检测量发生一定的变化,如果没有检测到这种变化,其本质是没有配置与之相关的检测量。因此,通过故障在系统中的传播途径来考虑与故障模式 f_i 相关的测点配置,若与 f_i 相关的测点集合为 $T = \{s_1, s_2, \cdots, s_p\}$,其中 p 为与 f_i 相关的测点传感器总数,只要为系统配置了该集合中的任意测点传感器 $s \in T$,则该测点传感器均可检测到 f_i 引起的测量信息的变化。因此,可以选取集合 T 中的测点传感器逐一配置,直至故障 f_i 具备可检测性的最低要求。

需要注意的是,由于在系统中未配置足够与故障模式 f_i 相关的测点,因此 f_i 不具备可检测性,一旦配置在测点集合 T 中选取足够的测点传感器进行增添,就可以检测到 f_i 带来的检测量变化。

然而,在为系统配置新的测点传感器时,还需要考虑另外两个问题:一是测点传感器与故障 f_i 的关联度。添加不同的测点传感器,在故障 f_i 的作用下,其测量信息互不相同,因此,需要尽可能选择添加关联度大的测点传感器;二是由于系统结构复杂,添加的测点传感器可以是硬传感器或是软传感器,如果要配置硬传感器,可能会由于成本、空间等因素的限制变得复杂,如果配置的是软传感器,则需要考虑其实现的算法复杂度,因此,要选择添加结构复杂度低的测点传感器。

定义 3.1 测点关联度 g_i 指系统新添加的测点所得的测量信息 x_i 与需检测故障 f_i 的关联程度,定义为

$$g_i = K(p(x_i) \parallel p(x_{\mathrm{NF}})) \tag{3.3.1}$$

其中,g_i 为测点关联度函数;$p(x_i)$ 为故障 f_i 下 x_i 的概率密度函数;$p(x_{\mathrm{NF}})$ 为正常运行时 x_i 的概率密度函数。

定义 3.2 考虑系统中可能配置的测点传感器,传感器可能是硬传感器或是

软传感器,鉴于其在系统中配置的难易程度,定义测点传感器的实现复杂度函数为

$$T_s(n) = \eta_i \cdot O(f(n)) + (1 - \eta_i) \cdot F_i(n) \tag{3.3.2}$$

其中,$O()$ 函数为数量级或数量阶;$f(n)$ 为与 $T_s(n)$ 同数量级函数,即 $\lim\limits_{n \to \infty} \dfrac{T_s(n)}{f(n)} = C$,$C$ 是不为零的常数;η_i 为符号函数,若当前测点传感器为软传感器,则 $\eta_i = 1$,反之,若为硬传感器,则 $\eta_i = 0$;$F_i(n)$ 为硬传感器的复杂度,依据传感器安装的复杂度获取。

可以看出,传感器集合 S 的选取问题也就是测点传感器的优化配置问题,可用如下的优化问题来代替

$$\min_{S \subseteq T} h(s)$$
$$\text{s.t. } K_S(p_i \parallel p_{\text{NF}}) \geqslant K_{\text{req}}(p_i \parallel p_{\text{NF}}) \tag{3.3.3}$$

其中,$S \subseteq T$ 为需要配置的测点传感器集合;$h(s)$ 为优化过程中的代价函数;$K_S(p_i \parallel p_{\text{NF}})$ 为在传感器集合 S 下故障模式 f_i 的可检测性定量评价指标;$K_{\text{req}}(p_i \parallel p_{\text{NF}})$ 为在满足期望的故障可诊断性评价水平时,故障 f_i 的可检测性评价指标。这里将 $h(s)$ 定义为

$$h(s) = \sum_{s \in S} \text{cost}(s) \tag{3.3.4}$$

代价函数可以通过多种方式来给定,本章中定义了一种简单形式,即当 $s \in S$ 时,$\text{cost}(s) = 1$。

这样一来,通过给定优化目标函数和约束条件,就可将传感器的优化配置问题转化为对式(3.3.3)的求解。当然,在系统规模较小时,所需测点数据的传感器数量较少,运用适当的全局搜索算法就可获取式(3.3.3)的最优解。然而,当传感器数目较多时,使用全局搜索算法来优化传感器的配置,计算量急剧增大。例如,对于一个有 k 个测点传感器的系统而言,所形成的传感器集合就有 2^k 个,要从这些集合中逐一搜索最优的测点传感器集合几乎不可能。

贪心算法作为一种局部最优算法,可以做到不以整体优化为目标,达到对全局最优的最好近似解,可以用以解决式(3.3.3)的优化求解问题。

在贪心算法的第 1 阶段,所要添加的测点传感器集合传感器 $S_1 = \phi$,为空集。以此为起点,后续阶段在集合 $T = \{s_1, s_2, \cdots, s_p\}$ 中逐一选取测点传感器加入集合 S,选取的原则是,先选取实现复杂度 T_s 低的测点传感器加入 S,若复杂度一致,则选取测点关联度 g_i 高的测点传感器,直至满足故障 f_i 的可检测性最低要求。

则测点传感器的优化选取问题,可转化为如下的贪心算法问题

$$\min_{S \subseteq T} h(s)$$
$$\text{s.t. } K_S(p_i \parallel p_{\text{NF}}) \geqslant K_{\text{req}}(p_i \parallel p_{\text{NF}})$$
$$T_s > g_i \tag{3.3.5}$$

其中,符号 > 代表优先级;$S \subseteq T$ 为需要配置的测点传感器集合;$h(s)$ 为优化过程

中的代价函数；$K_S(p_i \| p_{\mathrm{NF}})$为在传感器集合 S 下故障模式 f_i 的可分检测性定量评价指标；$K_{\mathrm{req}}(p_i \| p_{\mathrm{NF}})$为在满足期望的故障可诊断性评价水平时，故障 f_i 的可检测性评价指标。

为了运用贪心算法实现测点传感器配置，假设优化过程中每一阶段中的状态数为 $M(k)$，k 为阶段数，其优化过程可用如下算法得到。

算法 3.1 测点传感器配置贪心算法。

步骤 1 在优化的初始阶段，当 $k=1$ 时，令 $S_1 = \phi$。

步骤 2 在第 k 阶段，通过优先级顺序添加集合 T 中的备选测点传感器，计算目标函数 $h(s)$。

步骤 3 在第 k 阶段如果满足条件 $K_S(p_i \| p_j) \geqslant K_{\mathrm{req}}(p_i \| p_j)$，则迭代结束，转到步骤 4，否则 $k=k+1$，并转到步骤 2。

步骤 4 S_k 即为优化所得的需要添加的测点传感器集合，从第 k 阶段向前可确定传感器配置的最佳位置以及类型。

步骤 5 输出结果。

3.3.3 以软代硬的软传感器设计

在确定了为了保障故障 f_i 具备可检测性所要添加的测点传感器集合 S 后，需要考虑一个问题，如果添加的测点传感器均是硬传感器的话，由于成本、安装空间等因素的限制，硬传感器的配置实现难度大且不经济。因此，如果可以在充分理解对象内部结构的基础上，运用数学方法，使用软传感器来替代硬传感器，就可以既保障系统有足够的测点信息，又避免了安装硬传感器带来的复杂性。鉴于此，本节设计了一种以软代硬的软传感器设计方法。

设系统中可配置的硬传感器节点有 n_0 个，配置集合为 $S_0 = \{s_1, s_2, \cdots, s_{n_0}\}$，其测量信息为 $x_1, x_2, \cdots, x_{n_0}$，若系统内传感器 s_i 存在冗余配置，即传感器 s_i 的测量数据可由系统中配置的其他传感器的测量数据数学表达，则应存在关系式

$$\hat{x}_i = g(x_1, x_2, \cdots, x_{i-1}, x_{i+1}, \cdots, x_m, d) \tag{3.3.6}$$

其中，$x_1, x_2, \cdots, x_{i-1}, x_{i+1}, \cdots, x_m$ 为硬传感器的测量数据向量；$\hat{x}_i$ 为通过其他传感器测量数据拟合的第 i 个传感器数据 x_i；d 为可测的扰动信息；g 为解析冗余关系的描述函数。可见，为了设计软传感器来替换原有硬传感器，关键是需要对运用算法构建描述函数 g。

考虑到偏最小二乘(partial least squares, PLS)方法能够对冗余的、高度相关的数据通过空间压缩技术和潜变量提取，克服噪声和变量的相关性，准确捕捉传感器数据之间满足的数学关系，可见若采用 PLS 方法应该能到达算法设计目的。虽然传统 PLS 及其改进算法可以从高维数据中提取有用信息，适合从大量数据中寻找过程质量特性并建立模型，但 PLS 方法的本质是线性回归方法，在处理非线性较强的系统时建模精度不高，对于复杂的非线性过程不能达到较好的数据回归。

因此,本章采用引入 PLS 的改进方法,基于核函数的核偏最小二乘(kernel partial least squares,KPLS)方法,借助于核函数的引入,通过非线性函数 $\phi()$ 将输入空间映射到高维特征空间,从而可得到输入空间与输出空间之间的非线性关系,即运用 KPLS 方法来得到传感器之间的数学关系式(3.3.6)。

设 KPLS 分析时过程输入数据矩阵为 m 个传感器组成的数据采集矩阵 $\boldsymbol{X}=[x_1,x_2,\cdots,x_m]$,过程输出变量 $Y=\hat{y}$ 为需要对其进行冗余分析的传感器 s_j 的采集数据。

鉴于 KPLS 算法是在映射数据均值为零的基础上得到的,所以需要对核矩阵 $\boldsymbol{K}$ 进行中心化处理,对于 $N\times N$ 维的核矩阵 $\boldsymbol{K}$,中心化过程如下式所示:

$$\widetilde{\boldsymbol{K}}=\boldsymbol{K}-\boldsymbol{I}_n\boldsymbol{K}-\boldsymbol{K}\boldsymbol{I}_n+\boldsymbol{I}_n\boldsymbol{K}\boldsymbol{I}_n \tag{3.3.7}$$

其中,$\boldsymbol{I}_n=\begin{bmatrix}1 & \cdots & 0\\ \vdots & & \vdots\\ 0 & \cdots & 1\end{bmatrix}$。

当选取核函数后,可通过以下步骤完成 KPLS 算法。

步骤 1 令 $i=1,\boldsymbol{K}_i=\boldsymbol{K},\boldsymbol{Y}_i=\boldsymbol{Y}$。

步骤 2 随机初始化 $\boldsymbol{u}_i$,设 $\boldsymbol{u}_i$ 等于 $\boldsymbol{Y}_i$ 的任意一列。

步骤 3 计算输出空间变量的得分向量 $\boldsymbol{t}_i=\boldsymbol{K}_i\boldsymbol{u}_i$,$\boldsymbol{t}_i\leftarrow\boldsymbol{t}_i/\|\boldsymbol{t}_i\|$。

步骤 4 计算输出空间变量的得分向量权值 $\boldsymbol{q}_i=\boldsymbol{Y}_i^{\mathrm{T}}\boldsymbol{t}_i$。

步骤 5 循环计算输入空间变量的得分向量 $\boldsymbol{u}_i=\boldsymbol{Y}_i\boldsymbol{q}_i$,$\boldsymbol{u}_i\leftarrow\boldsymbol{u}_i/\|\boldsymbol{u}_i\|$。

步骤 6 重复步骤 2~步骤 5,直到收敛。收敛的条件是 $\boldsymbol{t}_i$ 与 $\boldsymbol{t}_{i-1}$ 在允许的误差范围内相等。

步骤 7 依据下列公式更新矩阵 $\boldsymbol{K}$ 和 $\boldsymbol{Y}$

$$\boldsymbol{K}_{i+1}=\boldsymbol{K}_i-\boldsymbol{t}_i\boldsymbol{t}_i^{\mathrm{T}}\boldsymbol{K}_i-\boldsymbol{K}_i\boldsymbol{t}_i\boldsymbol{t}_i^{\mathrm{T}}+\boldsymbol{t}_i\boldsymbol{t}_i^{\mathrm{T}}\boldsymbol{K}_i\boldsymbol{t}_i\boldsymbol{t}_i^{\mathrm{T}}$$

$$\boldsymbol{Y}_{i+1}=\boldsymbol{Y}_i-\boldsymbol{t}_i\boldsymbol{t}_i^{\mathrm{T}}\boldsymbol{Y}_i$$

步骤 8 令 $i=i+1$,如果 $i>i_{\max}$,则终止循环,否则返回至步骤 2。

KPLS 的具体方法的详细描述及常用的确定潜变量个数的方法可查阅相关资料。

在运用 KPLS 方法得到传感器之间的关系式后,就达到了利用传感器之间的解析冗余实现对某一传感器数据数学表达的目的。

3.4 故障可分离性设计

3.4.1 故障可分离性分析及测点配置

故障分离通常要比故障检测复杂得多。假定系统可能发生的任意两种不同的

故障模式为 f_i 和 f_j,这两种故障均具备可检测性,我们来讨论要使得这两种故障可分离需要具备的条件。

某一故障模式可以被检测,意味着它的产生会对系统的测量变量产生影响,进而影响到变量残差,以此可以作为对其进行检测的依据。但是,如果两种不同的故障 f_i 和 f_j 在分别作用于系统时,其对变量残差的影响是一致的,这就很难去分别此时发生的故障究竟是 f_i 还是 f_j。从图 3.1 中也可以看出,故障模式与残差信息的映射关系是一种多对多的映射,对于复杂系统而言,故障发生时系统产生的残差异常或是报警信号繁杂,要分离出是哪个具体的部件发生故障颇有难度。从图 3.2 中也可以发现,对于不同的故障模式,由于不确定性的存在,在三维图形中,不同的故障模式代表的区域很容易发生重叠,一旦有重叠区域,就会使得故障可分离性的评价指标下降,其二维空间的映射如图 3.3 所示。

例如,如图 3.4 所示的流量控制系统,其流量通过流量计来进行检测,其前端连接了控制器和阀门,但是,当控制器发生故障或是阀门出现操作故障时,都直接体现在了流量的偏差中,如果这个系统没有其他的检测量,则要分离这两种故障模式非常困难。

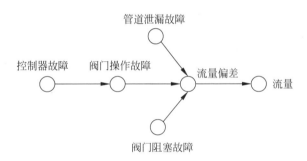

图 3.4 阀门流量控制过程故障

通过上述分析可以看出,导致故障 f_i 和 f_j 难以分离的主要因素是不同故障引起的残差变量变化一致,难以区分,究其根本仍是系统的测量信息不足,难以为两种故障模式的可分离性做支撑,因此,增加系统的测点信息仍是解决问题的关键所在。

要增加测点信息,同样可以运用前面所述的贪心算法来实现。测点传感器的优化选取问题,可转化为如下的贪心算法问题

$$\min_{S \subseteq T} h(s)$$
$$\text{s.t. } K_S(p_i \parallel p_j) \geqslant K_{\text{req}}(p_i \parallel p_j)$$
$$T_s \succ g_i \tag{3.4.1}$$

其中,符号 $\succ$ 代表优先级;$S \subseteq T$ 为需要配置的测点传感器集合;$h(s)$ 为优化过程中的代价函数;$K_S(p_i \parallel p_j)$ 为在传感器集合 S 下故障模式 f_i 和 f_j 的可分离性定量评价指标;$K_{\text{req}}(p_i \parallel p_j)$ 为在满足期望的故障可诊断性评价水平时,两种故

障 f_i 和 f_j 的可分离性评价指标。其优化步骤与故障可检测性设计中的优化过程类似,不再赘述。

同样,在选取了需要添加的测点传感器集合 S 后,考虑到硬传感器实现的复杂性,可以设计以软代硬的软传感器设计方法,替代可以被取代的硬传感器,实现对测点传感器配置中的优化。

3.4.2　基于故障自身属性的故障可分离性设计

通过上述的贪心算法结合软传感器设计,可以解决故障可分离性的设计问题,但是故障可分离性的设计远没有如此简单,因为即使是设计出需要增加的测点传感器位置,也存在着企业成本因素的考量和软传感器的可实现问题。就目前而言,石化、冶金等行业中发生故障时依然应用逐一排除法、经验法和警报优化处理法等措施来进行故障分离。例如,中国石油某石化公司空压机系统,2016 年持续发生故障预警长达 183 天,预警关联测点极多,无法排除故障点,连续维护多次均无法解除预警,导致停修才找出故障原因。我们认为,这次事故的核心原因在于,虽然系统中配置了很多测点观测器,但是测点配置未进行优化,并且没有进行合理的测点故障可分离性报警优化处理,以致故障发生时依旧采用经验法去排除。可见基于测点分析的故障可分离性分析不仅具有理论意义,其现实意义也非常明确。

鉴于此,在测点优化设计的基础上,考虑经济性和复杂性要求,拟提出一种基于故障自身属性的故障可分离性设计方法。系统不同的部件发生故障时,由于可能导致相同的测点集发生异常,使得故障难以实现分离,但是,实际工业系统中不同部件发生故障时的故障特征有可能是不一样的。这就使得不同故障发生时,虽然引起变化的测点集是一致的,但是测点传感器检测到的数据变化特征是不同的。如图 3.4 所示的流量控制系统,在发生管道泄漏故障或阀门操作故障时,由于其均是反映在流量变化这一系统检测量中,使得两种故障难以实现分离。然而,这两种故障其自身的特征并不一致。管道泄漏故障其特征多是一种缓变特性,体现在流量变化中,也会呈现缓变特性;但是阀门操作故障多是间歇或是跳变故障。这样一来,不同特征的故障发生时,引起的流量检测值也会发生不同的变化,如果能够捕捉到这种特征量的变化值,就可以为实现两种故障的有效分离提供依据。

假定故障 f_i 和 f_j 为系统中不可分离的任意两种故障模式,但是两种故障都具有可检测性。若其均可以使得残差数据 $r_k (1 \leqslant k \leqslant n)$ 发生变化,则将故障 f_i 发生时的残差数据记为 r_i,将故障 f_j 发生时的残差数据记为 r_j。为了解残差数据的变化特征,对残差数据 r_i 和 r_j 分别求前向差分,所得的值分别为 δ_i 和 δ_j。下面采用 KL 散度算法来对两种差分数据进行特征区分:

$$\Delta = \int_{-\infty}^{+\infty} p_{\delta_i}(r) \log \frac{p_{\delta_i}(r)}{p_{\delta_j}(r)} \mathrm{d}r \tag{3.4.2}$$

其中,p_{δ_i} 和 p_{δ_j} 分别为差分数据 δ_i 和 δ_j 的概率密度函数;Δ 为 p_{δ_i} 和 p_{δ_j} 的差异

度量化指标。

利用 KL 散度,首先对残差数据 r_i 和 r_j 求取其前向差分 δ_i 和 δ_j,以此作为其变化特征,然后通过计算其差分数据的概率密度函数 p_{δ_i} 和 p_{δ_j},并将概率密度函数之间的 KL 散度作为分析其特征差异度的评判标准,以此作为故障 f_i 和 f_j 可分离性的评价指标之一。这种方法在实验过程中验证发现,其不仅操作简单,而且对不同特征故障的分离性指标高,其简单的可操作性更是可以方便地为工业过程所用。

为了简化计算,假定差分数据 δ_i 和 δ_j 服从正态分布,即 $p_{\delta_i} \sim N(\mu_1, \sigma_1^2)$、$p_{\delta_j} \sim N(\mu_2, \sigma_2^2)$,则式(3.4.2)可以通过下式得到

$$\Delta = \frac{1}{2}\left\{\log\frac{\sigma_1^2}{\sigma_2^2} + \frac{\sigma_2^2}{\sigma_1^2} - 1 + \frac{(\mu_1 - \mu_2)^2}{\sigma_1^2}\right\} \tag{3.4.3}$$

可见,借助于式(3.4.2)和式(3.4.3)可以实现对两种故障特征差异度的描述,通过设置阈值,若 Δ 超过阈值,则可以将 Δ 作为两种故障进行可分离性的评价指标之一,进行故障可分离性的评价分析。

3.5 案例仿真研究

3.5.1 水轮机调速器控制系统

水轮机调速器是水力发电站非常关键的辅助设备,直接保障了电能的质量和电力设备并网运行的可行性。作为一个典型的机电液联合控制系统,水轮机调速器控制系统多采用闭环控制。如图 3.5 所示,比例-积分-微分(proportion integration differentiation,PID)控制器的控制指令驱动步进电动机旋转,使其带动丝杆转动,丝杆的位移信号借助于连杆驱动引导阀动作,并通过压力油控制辅助接力器,经主配压阀后推动主接力器移动,调速环控制导水叶的进水量,从而调节机组频率,进而借助频率转换实现对水轮机组转速的有效调节。

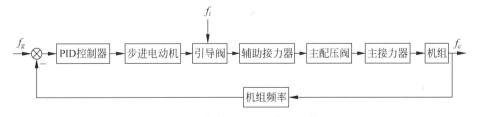

图 3.5 水轮机调速器控制系统

水轮机调速器控制系统环节众多,结构复杂,特别是由于其采用了液压随动系统作为执行器,系统可能的故障点较多。常见的故障有步进电动机位移传感器故障、测频故障、步进电动机驱动故障、引导阀发卡故障、主配压阀发卡故障等。以引

导阀发卡故障为例,由于引导阀的阀位通常都较小,而对于阀盘结合处上下有较高的同心度要求,引导阀一般有 3 个阀盘,要求与衬套之间的间隙在 0.03~0.05mm,但实际操作过程中,引导阀间隙仅有 0.01mm。这种情况的存在使得引导阀一旦安装调整不当,很容易造成引导阀发卡现象。

3.5.2 水轮机调速器故障可检测性设计

从图 3.5 可以看出,如果发生引导阀发卡故障时,依照故障在系统中的传播规律,故障信号可以被转速检测传感器检测到。但是,实际情况中,当引导阀发卡故障幅值较小时,由于闭环系统对故障的掩盖,导致该故障不具备可检测性。假定引导阀发卡故障为一周期性故障,幅值为 1,频率为 $\frac{1}{2\pi}$Hz,当故障发生时,水轮机组的运行频率误差曲线如图 3.6 所示。

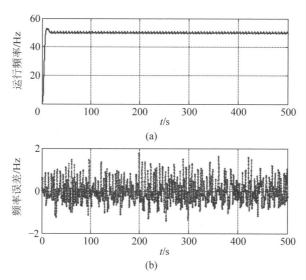

图 3.6 引导阀发卡时水轮机频率误差

(a) 运行频率;(b) 频率误差

当前水轮机正常运行时的频率为 50Hz,且发电机要求的频率波动范围为 ±5%,从图 3.6 可以看出,对于当前发生的水轮机引导阀发卡故障,仅通过频率信号的检测无法诊断,也即当前测点情况下,水轮机发卡故障可检测性评价指标低,其可检测性量化评价指标为 0.1399。

通过 3.3.1 节的分析,需要对该故障进行基于测点的故障可检测性设计。

按照故障在系统中的传播,我们选定与引导阀相关联的测点如辅助接力器、主配压阀及主接力器为拟增添的测点传感器位置,将这 3 个测点分别记为 s_1、s_2 和 s_3,其对应的测点检测误差如图 3.7 所示。

在当前的测点配置情况下,系统仅配置了一个频率检测传感器,由于闭环负反

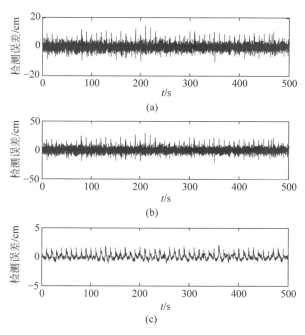

图 3.7　测点传感器检测误差

(a) 辅助接力器；(b) 主配压阀；(c) 主接力器

馈的调节作用,使得引导阀发卡故障可检测性量化评价指标低。而若在系统中增添测点传感器 s_1、s_2 或 s_3,从图 3.7 可以看出,在当前引导阀发卡故障下,可检测到的测点数据残差明显,其故障可检测性量化评价指标分别为 4.1770、8.7676 和 0.5660。若将故障可检测性量化评价阈值设定为 1.0,则为系统添加 s_1 或 s_2 中的任意测点传感器,均可使得引导阀发卡故障可检测,改善系统的安全性能,而测点传感器 s_3 虽然可以使得引导阀发卡故障的可检测性能改善,在单独配置时并不能使故障可检测性满足系统要求,需要和其他测点传感器配合使用。

通过式(3.3.1)和式(3.3.2)计算测点关联度和复杂度如表 3.1 所示。

表 3.1　测点关联度和复杂度

测点传感器	关 联 度	复 杂 度
s_1	4.1770	0.3
s_2	8.7676	0.9
s_3	0.5660	0.3

表 3.1 中测点传感器实现复杂度是依据硬传感器安装复杂程度获取的,为经验数据。因为在辅助接力和主接力器上安装位移传感器相对比较容易,而在主配压阀上安装阀位检测传感器则相对困难。

按照测点传感器配置贪心算法计算可得,当前需要配置的传感器为辅助接力

器测点传感器 s_1。事实上只要在该点安装辅助接力器位移传感器,就可以检测到当前发生的引导阀发卡故障,使得该故障具备故障可检测性。在配置 s_1 后,引导阀发卡故障的故障可检测性量化评价指标为 4.1770。由于在当前系统环境下,测点数量较少,不具备将 s_1 替换为软传感器的条件,因此,添加的测点传感器应为硬传感器。依据定义 3.1 中测点关联度的计算方法,测点关联度的计算值与该测点下的故障可检测性量化评价指标相同。可见,在系统中不管添加 s_1、s_2 中任意一个测点传感器,均可使得引导阀发卡故障具备可检测性。当然也可以配置 s_1、s_2、s_3 中的 2 个或者 3 个使得系统获取更高的可靠性冗余,但是这会增加系统实现的复杂性,并会增加系统运行成本。

3.5.3 水轮机调速器故障可分离性设计

假定系统发生的任意两种故障 f_1、f_2 分别为引导阀发卡故障和主配压阀位移故障,且两种故障幅值较大,均满足被频率传感器检测的条件,即两种故障都具备可检测性。由于测点数量的单一,使得两种故障发生时都会使得频率信号异常,难以区分具体发生了何种故障,因此就需要依据文中方法进行故障可分离性的设计。

假定引导阀发卡故障为一周期性故障,幅值为 3,频率为 $\frac{1}{2\pi}$ Hz,而主配压阀故障也是周期性故障,故障幅值为 4,频率为 $\frac{1}{2\pi}$ Hz。此时两种故障 f_1、f_2 的可分离性为 0.3136,故障可分离性评价指标低。可以通过增设系统测点的方式对两种故障进行故障可分离性设计。因为在引导阀和主配压阀之间有辅助接力器,因此只需要增加辅助接力器测点就可以对两种故障进行分离,设计方法与可检测性设计类似。在增加辅助接力器测点后,在该测点处可检测到两种故障 f_1、f_2 的可分离性量化评价指标为 4.3808,可见,通过为系统增添测点传感器,可以增加系统获取的测量信息,进而提升了不同故障间的可分离性量化指标。

为了减少系统传感器的配置成本和实现复杂度,针对文中提出的依据故障自身属性的故障可分离性提升方法,假定引导阀发卡故障为一周期性故障,幅值为 3,频率为 $\frac{1}{2\pi}$ Hz,而主配压阀故障为恒值故障,故障幅值为 4。这两种故障其自身属性就是不相同的,因此可以借助差异度评价指标(3.4.3)来对系统进行故障可分离性的设计,所得的差异度量化评价指标 $\Delta=5.3217$,在评价阈值为给定值 $\Delta=1.0$ 的基础上,可见,通过故障自身属性,可以将两种故障进行有效分离。

3.6 本章小结

故障可诊断性设计在系统故障诊断过程中起着承前启后的作用,它在故障可诊断性评价水平不足时,为评价指标提供支撑,是对系统进行故障检测和分离算法设计的基础,还是保障系统安全可靠的重要基础,意义重大。但可诊断性设计也是一个复杂的课题,设计过程中测量信息的增加是关键,然而不管是通过软测量方法进行设计或是为系统增加硬传感器,都会牵一发而动全身。因此,将系统故障可诊断性作为系统设计指标之一并纳入其中,结合系统特性,以增添硬、软传感器为主要方式对测点进行设计,对于满足具有较高系统可诊断性的设计需求而言,亟待进一步研究。

参考文献

［1］ RAO R,BHUSHAN M,RENGASWAMY R. Locating sensors in complex chemical plants based on fault diagnostic observability criteria［J］. Aiche Journal,2010,45(2):310-322.

［2］ KRASANDER M,FRISK E. Sensor placement for fault diagnosis［J］. IEEE Transactions on Systems,Man,and Cybernetics-Part A:Systems and Humans,2008,38(6):1398-1410.

［3］ KRYSANDER M,ÅSLUND J,NYBERG M. An efficient algorithm for finding minimal overconstrained subsystems for model-based diagnosis［J］. IEEE Transactions on Systems,Man,and Cybernetics-Part A:Systems and Humans,2007,38(1):197-206.

［4］ KRYSANDER M. Design and analysis of diagnosis systems using structural methods［D］. Linkopings:Linkopings Universitet,2006.

［5］ KADLEC P,GABRYS B,STRANDT S. Data-driven soft sensors in the process industry［J］. Computers & Chemical Engineering,2009,33(4):795-814.

［6］ 黄德先,江永亨,金以慧. 炼油工业过程控制的研究现状、问题与展望［J］. 自动化学报,2017,43(6):902-916.

［7］ CUI Y,SHI J,WANG Z. System-level operational diagnosability analysis in quasi real-time fault diagnosis:the probabilistic approach［J］. Journal of Process Control,2014,24(9):1444-1453.

基于故障可诊断性量化评价的传感器优化配置方法

4.1 引言

为了保障系统故障可诊断性评价水平,使系统具备足够的测点传感器是关键所在。分析发现,系统中配置的测点传感器通常有两种情况:一种是测点传感器配置满足系统故障可诊断性要求,但是存在着对某一测点对应多个测点传感器的情况,即存在冗余配置;另一种是测点传感器数量不满足故障可诊断性配置需求,但是即使如此,依然存在着测点传感器的冗余配置,即测点传感器配置不平衡。对于仅考虑故障可诊断性要求的系统而言,测点传感器的配置数量和位置要以提升系统可诊断性量化评价指标为目的,其优化过程是一个单目标优化问题。然而,由于实际系统中测点传感器可分为硬传感器和软传感器,其配置过程不仅要考虑故障可诊断性评价水平,还要受制于系统的结构、经济水平及实现复杂度,这就需要构建新的多目标优化策略来实现其优化配置。因此,在有限的现实条件下,充分结合软、硬传感器的配置策略,以量化评价为主,兼顾可靠性、经济性等优化目标,着力于提高系统品质为目的的传感器优化配置问题备受重视。然而,目前涉及以提高故障可诊断性为目标,将传感器优化配置视为多目标优化问题进行的研究尚处于起步阶段。

因此,本章提出将传感器优化配置问题运用单目标和多目标优化问题的思路来解决,构建以故障可诊断性量化评价为主,兼顾可靠性、经济性等优化目标的配置模型,为传感器优化配置研究提供新的思路和途径;从量化角度运用非线性动态规划和改进的 NSGA-Ⅱ算法使传感器优化配置模型更为高效,为现实中高品质低成本的系统运行提供可借鉴的方法和参考依据,对传感器配置进行多目标优化,提升系统品质,对于促进现代工程朝着稳定、高效、节约型发展具有重要意义。

4.2　问题描述

4.2.1　通过实例引出问题

为了说明在系统故障可诊断性评价过程中传感器配置的重要性,这里引入一个实例来进行验证。

参考文献[1]中给出了一类线性系统的传感器配置问题,该线性系统的表达式为

$$\dot{x}_1 = -x_1 + x_2 + x_5$$
$$\dot{x}_2 = -2x_2 + x_3 + x_4$$
$$\dot{x}_3 = -3x_3 + x_5 + f_1 + f_2 \qquad (4.2.1)$$
$$\dot{x}_4 = -4x_4 + x_5 + f_3$$
$$\dot{x}_5 = -5x_5 + u + f_4$$

其中,$x_i(i=1,2,\cdots,5)$为系统运行过程中的可测状态变量;u 为保障系统稳定运行的输入变量;$f_i(i=1,2,\cdots,4)$为可能发生的系统故障。

为了实现对系统(4.2.1)的故障诊断,首要的前提条件是系统应具备故障可诊断性,这就需要在系统中寻找一组传感器集合,通过获取其检测数据,使得故障可诊断性评价水平达到期望的最大值。借助于参考文献[1]中的定义,如果系统中有一组传感器集合能够使得系统的故障可诊断性评价水平最大,并且没有任何该传感器的子集能达到此目标,则将这组传感器集合称为最小传感器集合。

4.2.2　定性评价下的最小传感器集合

为了便于分析研究,将式(4.2.1)的状态变量 x_i 假定为系统中可能配置的传感器,在不考虑系统可能受到的噪声、干扰的不确定因素的影响下,借助于参考文献[1]中的算法,可得式(4.2.1)在包含所有传感器测量数据时故障可诊断性的定性分析,如表 4.1 所示。

表 4.1　故障可诊断性分析

	FD	f_1	f_2	f_3	f_4
f_1	X	0	0	X	X
f_2	X	0	0	X	X
f_3	X	X	X	0	X
f_4	X	X	X	X	0

在表 4.1 中,X 为非 0 值,代表着故障可检测或可分离。FD 列为式(4.2.1)对故障 $f_i(i=1,2,\cdots,4)$ 的可检测性,从表 4.1 中不难看出,在包含所有传感器的情况下,4 种故障均可被检测,也就是 4 种故障均具备可检测性。其余列为故障 $f_i(i=1,2,\cdots,4)$ 互相之间的可分离性,当 f_i 和 f_j 之间对应为 X 时,代表故障 f_i 和 f_j 具备可分离性,反之,则二者不可被分离。可见,除 f_1 和 f_2 互相之间不可被分离外,其余组合形式均可被分离。

为了以故障可诊断性评价为基础,对式(4.2.1)中的传感器进行优化配置,参考文献[1]中还以系统结构为基础给出了传感器的优化配置组合,获得了在保障故障可诊断性评价水平时的最小传感器集合为

$$\{x_1,x_3\},\{x_1,x_4\},\{x_2,x_3\},\{x_2,x_4\},\{x_3,x_4\} \qquad (4.2.2)$$

可见,式(4.2.2)中每一组传感器集合均可使得在定性评价层面系统的故障可诊断性水平达到最大,也就是说它们均是系统的最小传感器集合。

4.2.3　传感器配置过程中面临的问题

尽管式(4.2.2)已经给出了传感器配置过程中的最小传感器集合,但是在基于故障可诊断性评价的传感器最优配置过程中,依然面临如下问题。

问题 4.1　式(4.2.2)中选取的最小传感器配置集合,是以故障可诊断性的定性评价为基础给出的,难以定量评价其中每一个传感器配置集合对应的故障可诊断性水平,无法选出最优的最小传感器集合。

问题 4.2　为了满足故障诊断的需要,故障可诊断性水平应达到系统期望水平,然而,式(4.2.2)中的最小传感器集合仅给出了定性评价结果,难以量化评价是否满足期望的故障可诊断性水平。

问题 4.3　式(4.2.2)中的传感器集合未考虑系统在测点配置过程中的成本、可靠性、复杂度的因素,即未在故障可诊断性评价水平基础上综合考虑以提升系统品质为主的高效、节约原则。

由以上分析可知,以提升系统的故障可诊断性评价水平为基础,综合考虑测点传感器的成本、可靠性、复杂度,综合优化选取最佳的测点传感器配置集合,以期达到提升系统安全可靠运行的目的,其中对系统故障进行可诊断性量化评价是关键。

4.3　基于故障可诊断性量化评价的传感器优化配置

4.3.1　最小传感器集合下的系统故障可诊断性分析

本节依然以式(4.2.1)为例,针对该系统的结构模型进行故障可诊断性的量化评价分析。选用式(4.2.2)其中一组最小传感器集合 $\{x_1,x_3\}$,借助于 2.3 节中基于相似性评价的故障可检测性和可分离性量化评价方法,表 4.2 为所得的量化评价结果。

表 4.2　最小传感器集合$\{x_1,x_3\}$下的故障可诊断性量化评价

$\{x_1,x_3\}$	FD	f_1	f_2	f_3	f_4
f_1	0.036	0	0	0.058	0.061
f_2	0.054	0	0	0.099	0.054
f_3	0.008	0.051	0.074	0	0.116
f_4	0.093	0.059	0.053	0.129	0

对表 4.2 进行分析可得：①表 4.1 中 0 值出现的位置与表 4.2 中相同，仅是把表 4.1 中定性评价的 X 换为了表 4.2 中定量评价的常值，可见故障可诊断性定性评价与定量评价所得的结果是一致的；②系统中 4 种故障均可被检测，即 FD 列数值均不为 0，且故障 f_4 的可检测性量化评价指标最大，为 0.093，故障 f_3 的可检测性量化评价结果最小，为 0.008；③从第 $f_1 \sim f_4$ 列可以看出，除故障 f_1 和 f_2 互相不具备可分离性外，其余组合形式可分离性量化评价指标均大于 0，意味着均具备故障可分离性，且根据 KL 散度性质，可分离性结果不对称，$\mathrm{FI}(f_i,f_j) \neq \mathrm{FI}(f_j,f_i)$。从表中还可看出，4 种故障可分离性的难易程度不同。

上面给出了最小传感器集合$\{x_1,x_3\}$下的故障可诊断性量化评价结果，为了分析不同的最小传感器集合下，量化评价结果的不同表现形式，下面再以最小传感器集合$\{x_2,x_4\}$为例，进行故障可诊断性的量化评价，其结果如表 4.3 所示。

表 4.3　最小传感器集合$\{x_2,x_4\}$下的故障可诊断性量化评价

$\{x_2,x_4\}$	FD	f_1	f_2	f_3	f_4
f_1	0.055	0	0	0.089	0.083
f_2	0.086	0	0	0.098	0.063
f_3	0.122	0.133	0.126	0	0.285
f_4	0.232	0.080	0.059	0.180	0

对表 4.3 和表 4.2 进行比较后可得，在最小传感器集合$\{x_1,x_3\}$和$\{x_2,x_4\}$下，所得的故障可检测性和可分离性量化评价结果均发生了变化，说明了不同的最小传感器集合虽然在故障可诊断定性评价过程中表现一致，但是定量结果却大小不一。如果对式(4.2.2)中其余的最小传感器集合运用同一方法进行评价，则可以得到同样的结论。

通过对式(4.2.1)中所有的最小传感器进行量化评价后发现，式(4.2.2)中任何一个最小传感器集合对于给定的故障形式均存在可诊断性评价水平低，或是无法达到故障之间进行分离的目标。也就是说，参考文献[1]中给定的最小传感器集合并不能达到系统理想的故障可诊断性指标。究其原因，我们以为：第一，系统中配置的测点传感器数目不足，使得系统不能获取足够的测量信息，这是由系统的自身结构所决定的，可以通过为系统增设测点信息来进行提升设计；第二，由于传感器优化过程基于的是故障可诊断性的定性评价指标，为选取传感器优化配置算法

带来了困难,难以获取最优的传感器配置集合。因此,有必要以故障可诊断性的定量评价为基础,设计适当的算法进行传感器的优化配置。

4.3.2 传感器的优化配置问题

针对非线性式(4.2.1),设系统中所有可配置的传感器集合为 T,则系统中配置的传感器集合 S 为 T 的子集,即 $S \subseteq T$。对于每一个可能在系统中配置的传感器集合 $S \subseteq T$,为了满足系统故障可诊断性最大化的要求,需要对系统中可能发生的故障模式 f_i 和 f_j 进行故障可分离性的量化评价,获取其量化评价指标 $K_S(p_i \parallel p_j)$,最终选取使得故障模式 f_i 和 f_j 之间故障可分离性评价指标最大的最小传感器集合 S。

可以看出,传感器集合 S 的选取问题也就是测点传感器的优化配置问题,将其用如下的优化问题来代替

$$\min_{S \subseteq T} h(s) \qquad\qquad (4.3.1)$$
$$\text{s.t. } K_S(p_i \parallel p_j) \geqslant K_{\text{req}}(p_i \parallel p_j)$$

其中,$S \subseteq T$ 为需要优化选取的传感器集合;$h(s)$ 为优化过程中的代价函数;$K_S(p_i \parallel p_j)$ 为在传感器集合 S 下两种故障模式 f_i 和 f_j 的可分离性定量评价指标;$K_{\text{req}}(p_i \parallel p_j)$ 为在满足期望的故障可诊断性评价水平时,任意两种故障 f_i,f_j 之间的可分离性评价指标。这里将 $h(s)$ 定义为

$$h(s) = \sum_{s \in S} \text{cost}(s) \qquad\qquad (4.3.2)$$

代价函数可以通过多种方式来给定,本节中定义了一种简单形式,即当 $s \in S$ 时,$\text{cost}(s) = 1$。

这样一来,通过给定优化目标函数和约束条件,就可将传感器的优化配置问题转化为对优化问题式(4.3.1)的求解。当然,在系统规模较小时,如 4.2.1 节中定义的系统结构模型,所需测点数据的传感器数量较少,运用适当的全局搜索算法就可获取式(4.3.1)的最优解,也就得到了使得系统故障可诊断性水平最高的最小传感器集合。然而,现代工程系统规模大、复杂性高,传感器数目往往众多,在这样的大型系统中使用全局搜索算法来优化传感器的配置,计算量巨大。例如,对于一个有 k 个传感器的系统而言,所形成的传感器集合就有 2^k 个,要从这些集合中逐一搜索最优的最小传感器集合几乎不可能。因而,选用适当的优化配置算法来进行最小传感器的优化选取就显得颇为关键。

4.4 基于动态规划的故障诊断系统传感器优化配置算法

作为运筹学的分支之一,动态规划是解决多阶段决策问题的一种最优化方法[2-3]。动态规划所研究的多阶段决策问题指这样一类决策过程:它可以分为若

干个互相联系的阶段,在每一阶段分别对应着一组可以选取的决策,当每个阶段的决策选定以后,过程也就随之确定。把各个阶段的决策综合起来,构成一个决策序列,称为一个策略。显然由于各个阶段选取的决策不同,对应整个过程就可以有一系列不同的策略。

在实际工程问题中,为了满足期望的故障可诊断性能,在运用优化算法得到传感器的最优配置之前,系统中所要配置的传感器数目尚不清楚,故此时的传感器优化配置过程属于一种阶段不确定型的动态规划问题。但是对于确定的系统而言,在初始状态下,需要配置的传感器位置和数量是有限的,因此,就可以以需要配置的传感器集合数作为阶段数来运用优化算法。

在动态规划优化的第 k 阶段,传感器所组成的集合有多种形式,以集合 S_k 为配置过程中的一个状态。状态 S_k 可以作为第 k 阶段时传感器优化配置的起点,也是第 $k-1$ 阶段传感器优化配置的终点,且其满足动态规划优化过程中的无后效性要求。

据此,可得决策过程的状态转移方程为

$$S_k = S_{k-1} \bigcup \{x_i\}$$
$$x_i \notin S_{k-1} \quad i = 1, 2, \cdots, N \tag{4.4.1}$$

其中,N 为系统中所能配置的传感器数目总数;x_i 为在系统中增加的某一特定传感器。

基于此,就可用如下的动态规划问题来替代传感器的优化配置问题

$$f_{k+1}(S_{k+1}) = \max_{i=1:N} f_k(S_k \bigcup x_i)$$
$$\text{s.t. } K_S(p_i \parallel p_j) \geqslant K_{\text{req}}(p_i \parallel p_j) \tag{4.4.2}$$

其中,f 为利用 KL 散度进行故障可诊断性量化评价的求解函数。

为了运用动态规划算法实现传感器的优化配置,假设优化过程中每一阶段的状态数为 $M(k)$,k 为阶段数,其优化过程可用如下算法得到。

算法 4.1　传感器优化配置动态规划算法。

步骤 1　在优化的初始阶段,当 $k=0$ 时,令 $f_0(S_0)=0$。

步骤 2　在第 k 阶段计算目标函数 $h(s)$ 和 KL 散度求解函数 $f_k(S_k)$,进而确定 $f_{k+1}(S_{k+1})$。

步骤 3　在第 k 阶段如果满足条件 $K_S(p_i \parallel p_j) \geqslant K_{\text{req}}(p_i \parallel p_j)$,则迭代结束,转到步骤 4,否则 $k=k+1$,并转到步骤 2。

步骤 4　S_k 即为优化所得的最优最小传感器集合,从第 k 阶段向前可确定传感器配置的最佳位置及类型。

步骤 5　输出结果。

4.5　软传感器设计

要确保系统满足对故障的可检测性和可分离性,就需要获取系统中足够的测量信息,而测量信息的获取就需要配置足够的测点传感器。当然,基于传统方法,

进行硬传感器的增设可以增加系统的测点信息。但不容忽视的问题是,由于系统设计中的安装空间、技术、成本等因素的限制,使得有些硬传感器测量数据的获取实现难度大且不经济,一种可行的方法是,在充分了解对象机制的基础上,结合已有的操作变量和可测信息,通过建立需测量变量与已测变量间的数学关系,用软件(软传感器)的方式来替换这些硬传感器,因此,为了确保获取足够的测点信息,以保障系统的故障可诊断性评价指标得以满足,软传感器的设计问题需得以重视。为了方便设计,我们将软传感器和硬传感器统称为测点传感器。

设系统中可配置的硬传感器节点有 n_0 个,配置集合为 $S_0 = \{s_1, s_2, \cdots, s_{n_0}\}$,其测量信息为 $x_1, x_2, \cdots, x_{n_0}$,若系统内传感器 s_i 存在冗余配置,即传感器 s_i 的测量数据可由系统中配置的其他传感器的测量数据数学表达,则应存在关系式

$$\hat{x}_i = g(x_1, x_2, \cdots, x_{i-1}, x_{i+1}, \cdots, x_m, d) \qquad (4.5.1)$$

其中,$x_1, x_2, \cdots, x_{i-1}, x_{i+1}, \cdots, x_m$ 为硬传感器的测量数据向量;$\hat{x}_i$ 为通过其他传感器测量数据拟合的第 i 个传感器数据 x_i;d 为可测的扰动信息;g 为解析冗余关系的描述函数。可见,为了设计软传感器来替换原有硬传感器,关键是需要对运用算法构建描述函数 g。软传感器的设计算法可借鉴 3.3.3 节中的设计方法,在此不再赘述。

如前所述,系统中可配置的硬传感器集合为 S_0,运用 KPLS 方法可对 S_0 中的硬传感器进行数学表达,但不一定是 S_0 中所有的硬传感器都可以替换为软传感器,若 S_0 中全部的 n_0 个传感器中有 n_1 个可以被数学表达,即可形成一个软传感器的配置集合 S_1,则当前系统中所有的测点传感器集合为

$$S = S_0 \bigcup S_1 \qquad (4.5.2)$$

不难发现,集合 S 中共有 n 个测点传感器,且满足 $n = n_0 + n_1$。

在形成的测点传感器集合 S 中既包含了硬传感器,也包含了软传感器,虽然它们都可以为系统提供测量信息,但从其成本、可靠性、实现的复杂度等因素综合考虑,其性价比并不相同。因此,为了在保障系统故障可诊断性量化评价指标的基础上,对经济性、高效性实现全面的优化考虑,求得系统传感器配置的最优解,就需要对传感器集合 S 进行优化配置。

4.6   测点传感器多目标优化配置

4.6.1   测点传感器优化配置中的约束函数

在实际工程问题中,由于空间、技术和成本的约束,硬传感器的配置在数量上受到限制。尽管如此,鉴于系统安全性要求,故障信息的可检测性和可分离性的水平也是保障系统可靠运行的前提条件。基于以上考虑,对测点传感器配置过程给出如下 4 个约束函数。

(1) 测点硬传感器的总量约束。设系统中配置的硬传感器集合为 $S_0 = \{s_1, s_2, \cdots, s_{n_0}\}$，考虑到测点硬传感器的上限约束，应满足

$$n_0 \leqslant q \tag{4.6.1}$$

其中，q 为测点硬传感器的上限数量，q 的选取要按照实际系统需求确定。

(2) 软传感器的存在性约束。考虑到传感器配置中各种因素的影响，可以利用系统中已有的传感器之间的解析冗余，通过 KPLS 方法获取用于替代硬传感器的软传感器。但是一个不容忽视的问题是，在测点传感器优化配置之后，可能会出现硬传感器的删减，如若该硬传感器恰好用来构建软传感器，就会使得软传感器不存在。因此，在优化过程中就需要将软传感器的存在性作为约束条件予以考虑，软传感器的存在性需满足

$$s_{i0} = g(s_j, s_{j+1}, \cdots, s_{j+m}) \tag{4.6.2}$$

其中，s_{i0} 为需重构的软传感器；$s_j, s_{j+1}, \cdots, s_{j+m}$ 为重构 s_{i0} 所需要的硬传感器，且 $s_j, s_{j+1}, \cdots, s_{j+m} \neq 0$；$g$ 为非线性函数。

(3) 故障可检测性约束。故障可检测性是系统实现故障检测的基础，而测点传感器信息是否充足是保障故障可检测性的前提，因此在测点传感器配置过程中需要考虑其故障可检测性的约束。

若系统中所有的测点传感器集合为 S，系统在配置了所有测点传感器的前提下，系统的故障可检测性能达到最大为

$$\mathrm{FD}_{\max}(f_i) = K_S(p_i \parallel p_{\mathrm{NF}}) \tag{4.6.3}$$

其中，$K_S(p_i \parallel p_{\mathrm{NF}})$ 为给定测点传感器集合 S 时故障 f_i 的故障可检测性。然而，对于控制系统而言，为了保障故障 f_i 能够被检测，只需保证 f_i 能够被至少一个传感器测点检测即可。若考虑测点信息的优化配置，应满足

$$K_S(p_i \parallel p_{\mathrm{NF}}) \geqslant K_{\mathrm{req}}(p_i \parallel p_{\mathrm{NF}}) \tag{4.6.4}$$

其中，$K_{\mathrm{req}}(p_i \parallel p_{\mathrm{NF}})$ 是为了满足系统故障可检测性的最低要求，在这样的基本要求之下，系统所要求的测点传感器集合 S_{req} 应该为集合 S 的子集。

(4) 故障可分离性约束。故障可分离性是故障分离的基础，相较于故障检测而言，故障分离更加复杂，其不仅要求故障可以被检测，而且要得到充足的测点信息使得不同的故障可以被隔离和诊断。

对于系统中配置的所有测点传感器集合 S，当获取了系统所有测点传感器的测量信息时，可达到当前情况下最大的故障可分离性量化评价指标，即

$$\mathrm{FI}_{\max}(f_i, f_j) = K_S(p_i \parallel p_j) \tag{4.6.5}$$

其中，$K_S(p_i \parallel p_j)$ 为测点传感器集合 S 下故障 f_i 和 f_j 的可分离性量化评价指标。为了达到故障可分离性的最低要求 $K_{\mathrm{req}}(p_i \parallel p_j)$，与故障可检测性约束类似，需满足

$$K_S(p_i \parallel p_j) \geqslant K_{\mathrm{req}}(p_i \parallel p_j) \tag{4.6.6}$$

4.6.2　测点传感器优化配置中的目标函数

在设计了测点传感器优化过程的约束函数之后,为了考虑测点传感器测点在配置过程中的多种因素,即成本、可靠性及复杂度等,就需要设计多个目标函数对测点传感器进行多目标的优化配置。下面我们定义 3 个目标函数。

定义 4.1　在测点传感器集合 S 下,传感器的相对成本定义为选取传感器配置集合 S 下的成本系数 C_s:

$$C_s = 0.1 + \left[\sum_{i \in n} (c_i s_i) \right] \Big/ \left[q \sum_{i \in n} (\mu_i c_i) \right] \tag{4.6.7}$$

其中,n 为测点传感器总数;q 为选取硬传感器的上限;c_i 为测点传感器 s_i 的成本因子;c_i 主要由测点传感器的自身价格、安装成本及后期维护成本构成;μ_i 为成本量化因子,若当前测点传感器为硬传感器,$\mu_i = 1$,反之,若为软传感器,则 $\mu_i = 0.6$。

需要注意,测点传感器集合为 $S = \{s_1, s_2, \cdots, s_n\}$,对于某一测点传感器 $s_i \in S$,当选取了该传感器,则 $s_i = 1$,否则 $s_i = 0$。考虑到软传感器的后期维护成本,因此引入了成本量化因子 μ_i,可以实现对测点传感器的实现方式进行区别对待,进而设计符合工程实际情况的成本目标函数。

定义 4.2　在测点传感器集合 S 下,传感器系统整体的可靠指数定义为测点传感器的可靠性指标 R_s:

$$R_s = 1 - (\max_{\forall i} U_i) \\ U_i = \pi_i \cdot (r_i)^{s_i} \tag{4.6.8}$$

其中,U_i 为典型故障 f_i 不能检测的概率;π_i 为故障 f_i 的先验概率;r_i 为测点传感器的失效概率。

需要注意,从式(4.6.8)可见,R_s 越大意味着备选测点传感器的可靠性程度越高,但相同的 R_s 也可能代表着不同的传感器配置集合。

定义 4.3　考虑系统中可能配置的测点传感器,由于传感器可能是硬传感器或是软传感器,鉴于其在系统中配置的难易程度,定义软传感器的实现复杂度函数为

$$T_s(n) = \eta_i \cdot O(f(n)) + 0.1 \tag{4.6.9}$$

其中,$O(\cdot)$ 函数为数量级或数量阶;$f(n)$ 为与 $T_s(n)$ 同数量级函数,即 $\lim_{n \to \infty} \dfrac{T_s(n)}{f(n)} = C$,$C$ 是不为零的常数;η_i 为符号函数,若当前测点传感器为软传感器,$\eta_i = 1$,反之,若为硬传感器,则 $\eta_i = 0$。

由以上分析可知,测点传感器的优化配置问题是一个集成了故障可检测性、故障可分离性、成本、可靠性及复杂度等因素的多目标优化问题,该问题可描述如下:

$$\{\min C_s, \max R_s, \min T_s\} \tag{4.6.10}$$
$$\text{s. t. } n \leqslant q$$
$$K_S(p_i \parallel p_{\text{NF}}) \geqslant K_{\text{req}}(p_i \parallel p_{\text{NF}})$$
$$K_S(p_i \parallel p_j) \geqslant K_{\text{req}}(p_i \parallel p_j)$$

约束条件分别为硬传感器总数、软传感器的存在性约束、故障可检测性量化评价指标及故障可分离性量化评价指标。在满足这些优化约束函数的前提下,寻求最优的测点传感器配置集合,使得配置之后测点传感器可靠性尽可能高,而成本和复杂度尽可能低。为了解决式(4.6.10)中的多目标优化问题,拟采用改进的NSGA-Ⅱ算法对系统进行故障可诊断性评价的传感器优化配置。

4.6.3　改进的 NSGA-Ⅱ优化算法

NSGA-Ⅱ作为一种比较优秀的多目标优化算法,在对 NSGA 算法改进的基础上,借助于快速非支配排序降低了算法的计算复杂度,通过增加拥挤度和拥挤度比较算子,保持了种群的多样性,还采用精英保留策略维持并扩大了采样空间,使得最佳个体不会丢失,迅速提升了种群水平,可达到对多约束条件、多目标函数进行综合优化目的。

为了运用 NSGA-Ⅱ解决式(4.6.10)所示的多约束条件、多目标函数问题,需要对 NSGA-Ⅱ的算法流程进行改进。改进的主要目的是确保在求解过程中满足系统故障可检测和故障可分离性的量化评价指标,如图 4.1 所示为改进的 NSGA-Ⅱ算法流程图。改进的 NSGA-Ⅱ算法步骤描述如下。

步骤 1　令迭代次数为 G,等级数为 Rank,随机产生规模为 N_G 的初始种群 $P_0(t)$。

步骤 2　判断种群中的个体染色体是否满足故障可检测和故障可分离条件,若不满足,则重新生成种群。

步骤 3　确定种群的拥挤度计算及登记排序是否已完成,若完成则转入步骤4,否则转入步骤2。

步骤 4　进行种群的快速非支配排序,首先根据目标函数值确定第1级非劣种群个体,接着将第1级个体移出种群,在剩余种群中按照同样的方法确定新的非劣种群个体,定义为等级2,以此类推,直至所有的个体都被确定其相应的等级。

步骤 5　对于隶属于同一非劣等级下的种群个体计算其拥挤密度。

步骤 6　进行锦标赛选择。在种群中随机选取两个染色体,进行等级比较,取等级较小的个体,若二者具有相同等级,则进行拥挤度比较,选取密度较小的个体,形成种群 $\text{pop}_1(t)$。

步骤 7　进行自适应交叉、变异,生成子代种群 Q。ξ 为交叉和变异的概率下限,在交叉和变异操作时要保证个体的故障可检测性和故障可分离性。

步骤 8　合并种群 $P(t)$ 和 Q 形成新种群 R。

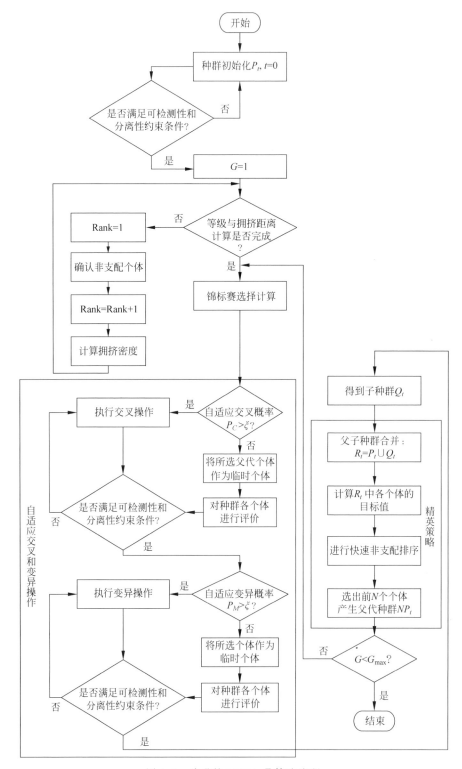

图 4.1 改进的 NSGA-Ⅱ算法流程

步骤 9 按照精英策略产生新一代种群 NP_t。

步骤 10 对迭代次数进行判断,若达到次数限制,则输出结果,循环结束,否则,转到步骤 2。

由于对于实际工程系统而言,在测点传感器优化配置过程中为了保障其故障可检测性和故障可分离性的基本安全要求,在运用 NSGA-Ⅱ算法进行多目标优化过程中增加了故障可检测可分离的过滤功能模块,以确保个体染色体满足故障可诊断性量化评价指标的约束条件,具体如下。

(1) 鉴于测点传感器优化配置是一个整数规划问题,可直接使用测点传感器的配置向量作为染色体的编码方案。

(2) 如图 4.1 所示,可检测可分离过滤模块主要是为了满足多目标优化过程中的约束条件式(4.6.4)与式(4.6.6),在具体实施过程中,当种群初始化过程时,检测到个体染色体不满足故障可诊断性量化评价指标,则需要重新生成种群个体。而在染色体交叉和变异过程中,如果交叉和变异前后染色体未发生变化,或是交叉和变异之后染色体不满足故障可检测性和可分离性的约束条件,则判定当前交叉和变异无效。

4.7 案例仿真研究

4.7.1 仿真案例 1:非线性系统数值仿真

以一类非线性系统为例,其数学模型为

$$\dot{x}_1 = -2x_1^2 + x_2 + x_5$$
$$\dot{x}_2 = -2x_2x_3 + x_4$$
$$\dot{x}_3 = -3x_1^2 + x_5 + f_1 + f_2 \qquad (4.7.1)$$
$$\dot{x}_4 = -4x_4 + x_5 + f_3$$
$$\dot{x}_5 = -5x_5 + u + f_4$$

其中,$x_i(i=1,2,\cdots,5)$ 为系统运行过程中的可测状态变量;u 为保障系统稳定运行的输入变量;$f_i = 0.2\sin(2t)(i=1,2,\cdots,4)$ 为可能发生的系统故障。

假设系统中配置的传感器有 5 个,将系统状态变量选为当前系统中配置的传感器,即 $x_i(i=1,2,\cdots,5)$,借助于运用 KL 散度的相似度评价方法,可对式(4.7.1)中存在的已知故障 f_i 进行可诊断性量化评价,如表 4.4 所示。

表 4.4 非线性系统故障可诊断性量化评价

	FD	f_1	f_2	f_3	f_4
f_1	0.660	0	0	1.412	1.564
f_2	0.671	0	0	1.273	2.229
f_3	1.532	1.518	1.936	0	0.330
f_4	1.510	1.617	2.520	0.202	0

通过对表 4.4 进行分析可得：①4 种故障模式均具备故障可检测性，其量化指标大小排列为 $f_3 > f_4 > f_2 > f_1$；②在 4 种故障模式中故障 f_1 与 f_2 互相之间不具备可分离性，而其余的故障组合形式均可被互相分离，其中 f_4 与 f_2 可分离性评价指标最大，为 2.520，f_4 与 f_3 可分离性评价指标最小，为 0.202。

表 4.4 中故障 f_1 与 f_2 互相之间不可被分离，由于当前配置的传感器数目已经是所能配置的最大数目，因此，其不可分离性是测量信息不足所致，也就是当前的传感器测点配置数目不足以分离出故障 f_1 与 f_2，根本原因是系统自身的结构所致。

在表 4.4 中所示的故障可诊断评价水平，是选用了系统中所有的传感器，即最大传感器集合 $\{x_1, x_2, x_3, x_4, x_5\}$ 所得的。在不改变当前的系统结构的基础上，要使得系统获取期望的故障可诊断水平并非需要全部的这 5 个传感器。可运用 4.4 节中的动态规划算法对传感器配置数目进行优化，如图 4.2 所示。

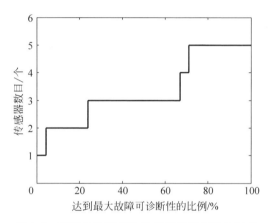

图 4.2　基于动态规划法的传感器配置优化过程

通过图 4.2 可以看出，当选用系统中所有可以配置的 5 个传感器进行故障可诊断性评价时，其量化评价指标最大，可设为 100%，则当选用最大传感器的子集时，其可诊断性量化评价指标分别可达到 4.3%、23.9%、66.97% 与 71.04%。

如果将系统故障可诊断性量化评价指标为 60% 作为期许值来选取最优传感器集合，通过动态规划算法，可得所选用的最优传感器集合为 $\{x_2, x_3, x_4\}$，该集合的可诊断性量化评价指标如表 4.5 所示。

表 4.5　最优传感器集合 $\{x_2, x_3, x_4\}$ 下的非线性系统故障可诊断性量化评价

$\{x_2, x_3, x_4\}$	**FD**	f_1	f_2	f_3	f_4
f_1	0.460	0	0	1.142	0.465
f_2	0.423	0	0	1.103	1.110
f_3	1.067	1.174	1.248	0	0.143
f_4	1.028	0.379	1.039	0.156	0

对比表 4.4 和表 4.5 可以发现：在系统不同的传感器配置下，虽然量化评价指标发生了变化，但却没有改变系统故障可诊断性的固有属性，相较于配置所有传感器而言，当系统配置传感器集合为 $\{x_2, x_3, x_4\}$ 时，不仅满足了系统可诊断性评价的期许值，而且减少了两个传感器的配置，为系统降低了配置成本。

对于式(4.2.1)中的系统结构模型，若采用同样的动态规划算法，对系统可配置的传感器进行优化，可得其最优配置为 $\{x_1, x_2, x_4\}$，不仅可满足故障可诊断性优化配置的期许值，而且对传感器的配置数目进行了优化，节约了设备成本和安装成本。

4.7.2　仿真案例 2：车辆电源系统

1. 车辆电源系统传感器动态规划优化

为了满足军队在野外作战和生存过程中持续的电源供应，目前最主要的能量来源于车辆电源系统。车辆电源系统是由柴油发动机带动发电机组来产生电能的，其系统结构如图 4.3 所示，主要由柴油机、同步发电机组、电站控制系统等部件组成。以 120kW 某军用车辆电源为例，图 4.4 为该系统结构的模块化表示。通过对车辆电源系统进行机制分析，并结合实体带载实验数据，可分别建立柴油机模型、同步发电机模型、调速器模型、励磁系统模型及负载模型，在此基础上可构建整个车辆电源系统的仿真模型。接着以实体测试实验数据为基础，以电源性能评测的 9 大性能指标为依据，可进行仿真模型的正确性验证，再通过引入适当的参数自适应调节和边界条件约束，就可建立 MATLAB/Simulink 下的车辆电源仿真系统。

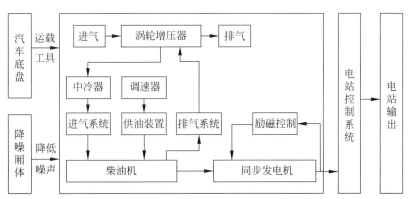

图 4.3　车辆电源系统结构

由于系统中测量数据多是通过传感器来获取，为了对车辆电源系统中可能发生的故障进行检测和分离，就需要为系统配置适当的传感器测点。在该系统中所要检测的状态变量均可视为在系统中可能安装的传感器测点，可知系统中可获取的传感器检测数据分别有：电流(I)、电压(V)、功率因数(ϕ)、温度(T)、速度(V_s)、频率(F)及负荷(P)7 个。

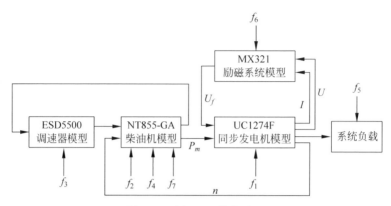

图 4.4　车辆电源模块关系

其中,U 和 I 分别代表同步发电机 d 轴和 q 轴上的电压和电流,U_f 为同步发电机运行过程中的励磁电压,变量 P_m 代表发电机运行过程中输出的机械功率,n 为发电机运行过程中的转动速度,该 120kW 车辆电源系统额定输出电压为 400V。结合厂家提供的参考数据,车辆电源系统常见的故障类型如表 4.6 所示。

表 4.6　车辆电源常见故障描述

故　障	故 障 描 述
f_1	发电机失磁
f_2	柴油滤清器堵塞
f_3	调速器调节失灵
f_4	发动机高温
f_5	系统超载
f_6	励磁模块故障
f_7	喷油嘴故障

系统具备故障可诊断性是对系统进行故障诊断的前提,这里先以此作为评价指标,因而,可利用传感器残差数据的变化量来判别系统是否对常见故障具备可诊断性。对于车辆电源系统的 7 个传感器而言,可获取 7 种残差数据,即 $r_i(i=1,2,\cdots,7)$,若系统对表 4.6 中的 7 种常见故障具备可检测性,那么故障的发生会使得传感器的残差数据发生偏差。这里选用一种只有两个数值$\{1,0\}$的定性方法来描述,0 代表当前发生的故障对残差数据没有影响,1 表示在故障作用下,残差数据发生了改变。其定性检测结果如表 4.7 所示。

表 4.7　车辆电源系统故障可诊断性定性评价

	r_1	r_2	r_3	r_4	r_5	r_6	r_7
f_1	0	0	0	1	0	1	0
f_2	0	0	0	0	0	1	0

续表

	r_1	r_2	r_3	r_4	r_5	r_6	r_7
f_3	1	0	0	0	1	0	1
f_4	0	0	1	0	0	1	0
f_5	0	1	1	0	0	0	0
f_6	1	1	0	0	0	1	0
f_7	0	0	0	0	0	1	0

　　表 4.7 对车辆电源系统进行了故障可诊断性的定性描述,体现了残差数据对故障的敏感性,为了进一步对可能发生的 7 种故障模式进行可诊断性的定量评价,以设计优化算法对系统的传感器进行配置,可运用 KL 散度算法开展可诊断性的定量评价,如表 4.8 所示。

表 4.8　车辆电源系统故障可诊断性量化评价

	FD	f_1	f_2	f_3	f_4	f_5	f_6	f_7
f_1	0.3462	0	0.1298	0.8978	0.1290	0.1432	0.2765	0.0988
f_2	0.4387	0.1304	0	0.8070	0.9908	0.1435	0.2787	0
f_3	0.2122	0.9029	0.7865	0	0.7434	0.4634	0.4172	0.8432
f_4	0.3456	0.1300	0.8990	0.7321	0	0.6432	0.7432	0.8432
f_5	0.6783	0.1765	0.1543	0.4764	0.7325	0	0.3434	0.1088
f_6	0.5435	0.2910	0.2898	0.4278	0.7000	0.3299	0	0.5898
f_7	0.7646	0.0910	0	0.1022	0.7853	0.0987	0.5786	0

　　比较表 4.7 和表 4.8 可以看出:①车辆电源系统中常见的 7 种故障模式均具备可检测性;②故障 f_2 和 f_7 互相之间不具备可分离性,这是由系统的自身属性决定的。

　　表 4.8 结论的获取是在选取了系统所有的 7 个传感器的基础上得到的,然而满足系统故障可诊断性的期许值并非需要所有的 7 个传感器,运行 4.4 节中的动态规划算法对系统中传感器测点进行优化分析,优化过程如图 4.5 所示。

　　以达到最大故障可诊断性最大值的 60% 为期许值,从图 4.5 可以看出,只需要检测 4 个传感器测点即可,即{V,I,T,F},分别为输出电压、输出电流、发动机温度和电压频率。这也进一步验证了以故障可诊断性量化评价为基础的传感器优化配置方法的有效性与可行性。

2. 车辆电源系统测点传感器的多目标优化配置

　　在对车辆电源系统的传感器进行故障可诊断性量化指标单目标优化配置后,还需考虑成本、复杂度等因素,即需要对系统的测点传感器进行基于多目标的优化配置。为了便于多目标的优化分析,为系统增加两种故障模式,如表 4.9 所示,并增加一个测点传感器,即励磁电压(U_0),用于为系统增加检测量。

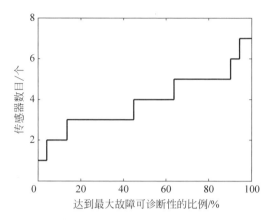

图 4.5 基于动态规划法的车辆电源系统传感器配置优化过程

表 4.9 车辆电源常见故障描述

故 障	故 障 描 述
f_8	输出功率不足
f_9	发动机喘振

通过分析车辆电源系统的测试数据,系统中共检测了 8 个可测状态变量,$S_0 = \{V, I, T, \phi, F, P, V_s, U_0\}$,可视为系统中有 8 个硬传感器,系统中针对 9 种可能的故障模式进行的故障可诊断性量化评价也是围绕这 8 个状态变量开展的。故障可诊断性量化评价结果如表 4.10 所示。

表 4.10 故障可诊断性量化评价

	FD	f_1	f_2	f_3	f_4	f_5	f_6	f_7	f_8	f_9
f_1	0.3462	0	0.1298	0.8978	0.1290	0.1432	0.2765	0.0988	0.3049	0.1583
f_2	0.4387	0.1304	0	0.8070	0.9908	0.1435	0.2787	0	0.2230	0.4330
f_3	0.2122	0.9029	0.7865	0	0.7434	0.4634	0.4172	0.8432	0.7729	0.9533
f_4	0.3456	0.1300	0.8990	0.7321	0	0.6432	0.7432	0.8432	0.6032	0.6633
f_5	0.6783	0.1765	0.1543	0.4764	0.7325	0	0.3434	0.1088	0.1920	0.4900
f_6	0.5435	0.2910	0.2898	0.4278	0.7000	0.3299	0	0.5898	0.2011	0.1003
f_7	0.7646	0.0910	0	0.1022	0.7853	0.0987	0.5786	0	0.8833	0.4022
f_8	0.6020	0.4430	0.3350	0.8800	0.5300	0.1822	0.1987	0.7921	0	0.5290
f_9	0.7233	0.1033	0.3900	0.9233	0.7320	0.5520	0.0977	0.3800	0.4910	0

考虑到硬传感器安装的复杂性、成本、维护周期等因素的影响,结合硬传感器之间存在的解析冗余关系,可以考虑利用软传感器来替代硬传感器,以保障系统获取足够的测点信息。

通过分析 8 个硬传感器的测量历史数据,结合 4.5 节中的 KPLS 方法可以确定功率因数 ϕ、系统负荷 P 及发动机转速 V_s 可以通过其他的硬传感器测量数据进行拟合,也就是说上述 3 个硬传感器可以通过软传感器来替代,则可为系统增加 3 个系统测点软传感器 $S_1 = \{\hat{\phi}, \hat{P}, \hat{V}_s\}$。这样,系统所有的测点传感器集合为

$$
\begin{aligned}
S &= S_0 \bigcup S_1 \\
&= \{V, I, T, \phi, F, P, V_s, U_0, \hat{\phi}, \hat{P}, \hat{V}_s\} \\
&= \{s_1, s_2, s_3, s_4, s_5, s_6, s_7, s_8, s_9, s_{10}, s_{11}\}
\end{aligned} \tag{4.7.2}
$$

为了对测点传感器集合 S 进行优化,根据文中传感器优化过程中的目标函数,需要确定成本因子 c_i,测点传感器失效概率 r_i,以及测点传感器复杂度因子 $O(f(n))$,如表 4.11～表 4.13 所示。

表 4.11　测点传感器成本因子

节　点	c_i	节　点	c_i
s_1	0.8	s_7	0.5
s_2	0.8	s_8	1.0
s_3	0.3	s_9	0
s_4	1.0	s_{10}	0
s_5	0.9	s_{11}	0
s_6	0.8		

表 4.12　测点传感器失效概率

节　点	r_i	节　点	r_i
s_1	0.01	s_7	0.05
s_2	0.02	s_8	0.04
s_3	0.03	s_9	0
s_4	0.01	s_{10}	0
s_5	0.02	s_{11}	0
s_6	0.01		

表 4.13　测点传感器复杂度因子

节　点	$O(f(n))$	节　点	$O(f(n))$
s_1	0	s_7	0
s_2	0	s_8	0
s_3	0	s_9	0.5
s_4	0	s_{10}	0.8
s_5	0	s_{11}	0.6
s_6	0.01		

在确定了系统约束函数及目标函数后,就可以运用改进的 NSGA-Ⅱ算法对测点传感器进行基于多目标的优化配置,优化过程所得的帕累托(Pareto)前沿面如图 4.6 所示。

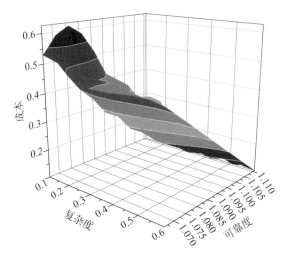

图 4.6   多目标优化中的帕累托前沿面(见文后彩图)

在优化过程中,虽然系统中有 11 个测点传感器,即 8 个硬传感器和 3 个软传感器,但是在满足约束条件的前提下,保障系统故障可诊断性评价指标满足要求并非需要全部的 11 个测点传感器。这里我们以满足故障可诊断性量化评价指标的 60% 作为期许值来对测点传感器进行多目标优化,如表 4.14 所示为对应帕累托前沿解的 2 个目标函数值和所得的传感器最优配置,考虑参考文献[4]中所采用的帕累托集优选方法,可选取车辆电源系统的最优传感器配置。

表 4.14   测点传感器优化配置结果

C_s	R_s	T_s	S
0.2049	0.0881	0.1000	$\{V, I, T, F, P\}$
0.1783	1.0870	0.9000	$\{V, I, T, F, \hat{V}_s\}$

表 4.14 中的两个结果都为帕累托前沿解,为了体现软传感器在系统中所起的作用,以及很多我们未曾考虑到的综合因素,选取传感器的最优配置集合为 $S_{opt} = \{V, I, T, F, \hat{V}_s\}$。即针对系统中所有的测点传感器,只需选取电压($V$)、电流($I$)、机体温度($T$)、频率($F$)及发动机转速软传感器($\hat{V}_s$)这 5 个测点传感器的集合,既满足了系统故障可诊断性量化评价指标,又可以兼顾系统的成本因素、可靠性因素及复杂度因素,实现系统传感器的最优配置,这也进一步揭示出文中方法在实际系统中的有效性与可行性。

4.8   本章小结

故障可诊断性的研究主要包括两个方面:故障可诊断性评价与故障可诊断性设计。本章以故障可诊断性的量化评价为基础,研究了系统传感器优化配置问题。

在采用基于相似性评价的 KL 散度算法对故障可诊断性进行量化评价的基础上，提出以传感器获取系统故障信息效率这一量化指标作为传感器优化配置重点的思路，解决了已有实现方法缺乏量化研究的问题；将传感器优化配置问题运用多目标优化问题的思路来解决，构建以量化评价为主，兼顾可靠性、经济性等优化目标的配置模型，为传感器优化配置研究提供新的思路和途径；从量化角度改进NSGA-Ⅱ算法使传感器多目标优化配置模型更为高效，为现实中高品质低成本的系统运行提供可借鉴的方法和参考依据，具有实际意义。

参考文献

［1］　KRASANDER M,FRISK E. Sensor placement for fault diagnosis[J]. IEEE Transactions on Systems,Man,and Cybernetics-Part A：Systems and Humans,2008,38(6)：1398-1410.

［2］　张化光,张欣,罗艳红,等. 自适应动态规划综述[J]. 自动化学报,2013,39(4)：303-311.

［3］　CAI Y Z,JI R R,LI S Z. Dynamic programming based optimized product quantization for approximate nearest neighbor search[J]. Neurocomputing,2016,217：110-118.

［4］　ABIDO M A. Multiobjective evolutionary algorithms for electric power dispatch problem [J]. IEEE Transactions on Evolutionary Computation,2006,10(3)：315-329.

第5章

基于数据驱动的传感器可重构性评价方法

5.1 引言

随着现代系统规模的日趋庞大,对系统控制性能的要求也变得越来越高,然而由于系统中传感装置众多,所需控制的节点庞杂,发生故障难以避免,这对系统的安全性和稳定性提出巨大挑战。为了描述故障发生后系统的自主恢复能力,美国国家航空航天局(National Aeronautics and Space Administration,NASA)于 1982年提出了控制可重构性的概念[1-2],它是一种表征系统自主故障处理能力的基本属性,目前已引起控制理论和航天器控制工程等领域的高度重视和广泛关注。

现代工业系统中传感器众多,作为系统的"眼睛"和"耳朵",其运行的可靠性直接关系到系统运行的安全性,因此能否使得系统传感器也具备可重构性对于提高系统的安全性非常关键。为了提升传感器的可靠性,传统方法是通过可靠性设计及定期的传感器维护来降低故障发生的概率。然而,实际工程中,传感器面临着环境复杂恶劣、器件日趋老化等因素的考验,使得其性能退化、寿命缩减,从而出现测量不准确甚至故障的风险,这对于系统而言是潜在的安全隐患,很可能会导致重大安全事故。因此,在传感器发生故障时,能否利用传感器测点之间存在的解析冗余,实现对传感器数据的有效重构,使其能够在一定时间内维持系统可接受的性能稳定运行,对于提高系统的安全可靠性具有重要意义。

传感器的重构指利用系统中配置的传感器之间的解析冗余关系,来替代故障传感器的一种过程。也就是借助于传感器测量变量间存在的解析冗余,通过构建数学关系来推断和估计,用软件(软传感器)来代替硬件(硬传感器)功能,实现对硬传感器的重构,以替代系统中性能退化或是发生故障的传感器测点。可以看出,在传感器重构过程中对传感器进行解析冗余分析是其关键。

基于解析冗余的传感器重构方法近年来已经受到广泛关注。例如,基于数据驱动的主成分回归分析(principle component regression,PCR)及偏最小二乘(PLS)法已经在很多工业过程中得到应用[3-6]。通过分析测量数据之间的冗余关系,利用可测数据重构形成的软传感器可用以替代现实中的硬件传感器。软传感器以其成本低廉、易于实现且可以进行在线测量等优势成为生产质量维护、过程安全和环境问题监测的有吸引力的影响方案[7-8]。

基于以上分析,在系统中引入传感器冗余的确可以增加系统的安全可靠性,从而使系统在传感器发生故障时保持一定的性能运行,避免引起性能降低甚至于不稳定所造成的危害。针对系统中解析冗余的利用和分配问题,2008 年 Zhang 等[9]提出如下疑问:①基于冗余的容错控制设计究竟能在多大程度上提高系统的安全性和可靠性? ②如何量化评价系统中基于解析冗余的传感器可重构性? 针对这两个问题,参考文献[10-14]就传感器的可重构性和通过控制器重构使系统获得容错能力提出了新的研究方法,但都仅限于提高系统重构能力的策略研究,而未涉及对解析冗余或是传感器可重构能力的量化评价。

传感器可重构性量化评价可以对系统中传感器的解析冗余能力作出定量的评价,以此可为传感器的优化配置提供理论依据,对于提高系统的容错效果和提高系统的安全可靠性,都具有重要的意义,也极具挑战性。近年来针对量化评价问题,瑞典的林雪平大学团队作出了一些成果[15-18],参考文献[15]通过运用 KL 散度计算中的对数似然比特性,结合假设检验的方法,提出了一种对数据进行量化分类的方法。以此为理论依据,参考文献[16]仅依靠线性系统的自身属性,使用 KL 散度算法,给出了故障可检测性和故障可隔离性的定量评价指标。此外,随着非线性系统研究的不断深入,以测量概率分布差异度为基础的 KL 散度算法,因其在量化计算中具有对系统模型依赖性少的优势,为解决复杂系统可重构性量化评价研究提供了可借鉴的思路。但遗憾的是,如何提取冗余信息、残差数据概率密度函数的准确估计、非线性结构的 KL 散度的计算复杂度高等问题,使得目前基于 KL 散度算法对传感器可重构性量化评价的研究还面临挑战。

因此,本章针对系统中传感器重构来提升系统故障诊断和容错能力的问题,首先运用 KPLS 算法建立传感器之间的冗余数据模型;在此基础上,通过对残差概率密度函数的稀疏内核密度估计,并采用蒙特卡洛方法,得到了系统传感器可重构性的量化指标;进而,借助于错分率和漏分率设计阈值,以确保评价精度。文中的突出贡献是将传感器的可重构性能作为系统的本征需求纳入系统设计之初,为提高系统的故障安全水平和容错能力提供有效的途径。

5.2　问题描述

5.2.1　捷联惯性导航系统

捷联惯性导航系统(strap-down inertial navigation system)是把惯性仪表直接固连在载体上,用计算机来完成导航平台功能的惯性导航系统,其惯性仪表由陀螺仪和加速度计组成。由于在实际运行过程中,惯性仪表特别是陀螺仪的可靠性较低,为了完成导航任务,一般将 3 个以上单自由度陀螺仪和 3 个单轴加速度计沿 3 根相互垂直的参考轴配置,这样,只要有任意 3 个陀螺仪无故障,系统就能正常运行,系统中多余的陀螺仪即为冗余配置。

理论上讲,在捷联惯性导航系统中,只要系统配置的陀螺仪有 3 根不共面的测量轴,便可获得载体全部姿态角度的运动信息。这里以 4 个单自由度陀螺仪的冗余配置方案为例,如图 5.1 所示。假设系统中配置的 4 个陀螺仪分别为 A、B、C、D,其中陀螺仪 A、B、C 均配置在系统的垂直坐标轴上,陀螺仪 D 配置在空间中的 l 轴上,测量轴 l 与 y 轴的夹角为 α。

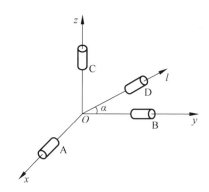

图 5.1　4 个单自由度陀螺仪的冗余配置

通过分析图 5.1 中陀螺仪的配置位置,计算可得在不同方向下陀螺仪的测量值,如表 5.1 所示。

表 5.1　4 个单自由度陀螺仪的测量值

陀螺仪	测量轴方向	测量结果(m 为测量值)
A	x 方向	$m_A = \omega_x$
B	y 方向	$m_B = \omega_y$
C	z 方向	$m_C = \omega_z$
D	l 方向	$m_D = 0.707\omega_x \sin\alpha + \omega_y \sin\alpha + 0.707\omega_z \cos\alpha$

分析表 5.1,可求得陀螺仪的测量方程为

$$m = H\omega \tag{5.2.1}$$

其中,m 为测量值,$m = [m_A, m_B, m_C, m_D]^T$;$\omega = [\omega_x, \omega_y, \omega_z]^T$ 为测量方向向量,参考坐标轴和测量轴之间的关系,测量矩阵表示为

$$H = \begin{bmatrix} 1 & 0 & 0 \\ 0 & 1 & 0 \\ 0 & 0 & 1 \\ 0.707\sin\alpha & \cos\alpha & 0.707\sin\alpha \end{bmatrix} \tag{5.2.2}$$

通过测量矩阵 H,可反映出在无误差的理想情况下,沿各测量轴方向所能测得的姿态角速度。

在上述例子中,若近似认为每个陀螺仪发生故障的概率满足泊松分布,还可测得系统中配置的传感器数目越多,系统的可靠度越高,也就是说,在当前情况下,传感器数目的增多,为系统增加了解析冗余,而正是因为解析冗余的存在,使得系统在发生传感器故障时具备了重构能力,进而能够降低故障对系统带来的损害。若将系统中所有可以配置测点的位置均认为是传感器节点,如果系统所有的测点位置都安装传感装置,则系统会获取最大的解析冗余,传感器可重构性也最大。然而,现实中由于受到安装环境、成本等因素限制,不可能在系统所有测点均安装传感器,这就导致了系统因测量信息不足而致使传感器不具备足够的重构能力,进而使系统故障诊断和容错能力差。可见,使得传感器具备可重构性是提高系统故障诊断能力和容错能力的必要条件。

定义 5.1 传感器可重构性:若将系统中所有可以配置测点的位置均认为是传感器节点,则对系统中可能存在的传感器,其可重构性指运用系统中传感器之间的解析冗余关系,对当前传感器测量信息进行表达和重构的能力。

对于捷联惯性导航系统中的 4 个陀螺仪,由于只需 3 个陀螺仪的测量信息,就可得到载体的全部姿态信息,即这 3 个测量信息满足最大线性无关组的要求。而第 4 个陀螺仪的加入使得系统具备了解析冗余,从表 5.1 也可看出,任意一个陀螺仪的测量信息总是可以通过其他 3 个的测量信息进行表达,使得系统具备了可重构性。当系统中某一陀螺仪发生故障时,系统不仅能保持正常运行,而且能够定位故障,估计故障幅值,这一点是硬件冗余很难实现的,这样不仅提高了系统对故障的可诊断性能,而且使得系统获得了对陀螺仪故障的容错能力。

5.2.2 面临问题

由上述分析可见,通过传感器的冗余配置,使得系统测量信息增加,且传感器具备了可重构性,进而为系统安全可靠的运行提供保障,然而,具体应用时我们不能不考虑以下 2 个问题。

问题 5.1 在上述实例中,对于传感器可重构性的评价仅是定性的,如何能定

量地对传感器可重构性进行评价。

　　问题 5.2　在对传感器的可重构性进行评价时，又如何应对系统中可能存在的建模误差、噪声、干扰等不确定性因素的影响。

5.3　基于 KL 散度的传感器可重构性量化评价

　　在捷联惯性导航系统中，4 个陀螺仪中任意一个的测量数据都可以由其余 3 个组成的线性无关组线性表达，这种关系是确定的。然而，对于复杂工业系统而言，传感器数量众多，不同功能的传感器所测量的变量是不同的，使得它们之间是否存在冗余配置很难通过解析方式得到。因此，为了分析它们之间可能存在的移动时间域或空间域的冗余关系，在测量数据储备较为丰富的背景下，数据驱动技术显然是寻求这种关系最便利的选择。

5.3.1　基于 KPLS 方法的传感器解析冗余分析

　　设系统中有 n 个传感器 $s_1, s_2, \cdots, s_n$，其测量信息为 $x_1, x_2, \cdots, x_n$，若系统内传感器 s_i 存在冗余配置，即传感器 s_i 的测量数据可由系统中配置的其他传感器的测量数据数学表达，则应存在关系式

$$\hat{x}_i = g(x_1, x_2, \cdots, x_{i-1}, x_{i+1}, \cdots, x_m) \tag{5.3.1}$$

其中，$x_1, x_2, \cdots, x_{i-1}, x_{i+1}, \cdots, x_m$ 为传感器的测量数据向量；$\hat{x}_i$ 为通过其他传感器测量数据拟合的第 i 个传感器数据 x_i；g 为解析冗余关系的描述函数。

　　PLS 方法能够对冗余的、高度相关的数据通过空间压缩技术和潜变量提取，克服噪声和变量的相关性，准确捕捉传感器数据之间满足的数学关系。虽然传统 PLS 及其改进算法可以从高维数据中提取有用信息，适合从大量数据中寻找过程质量特性并建立模型，但 PLS 的本质是线性回归方法，在处理非线性较强的系统时建模精度不高，对于复杂的非线性过程不能达到较好的数据回归。因此，本章中采用引入核函数的 KPLS 方法，借助于核函数的引入，通过非线性函数 $\phi(\ )$ 将输入空间映射到高维特征空间，从而可得到输入空间与输出空间之间的非线性关系。即运用 KPLS 方法来得到传感器之间的数学关系式(5.3.1)。

　　设 KPLS 分析时过程输入数据矩阵为 m 个传感器组成的数据采集矩阵 $\boldsymbol{X} = [x_1, x_2, \cdots, x_m]$，过程输出变量 $\boldsymbol{Y} = \hat{y}$ 为需要对其进行冗余分析的传感器 s_j 的采集数据。

　　鉴于 KPLS 方法是在映射数据均值为零的基础上得到的，所以需要对核矩阵 $\boldsymbol{K}$ 进行中心化处理，对于 $N \times N$ 维的核矩阵 $\boldsymbol{K}$，中心化过程如下式所示

$$\widetilde{\boldsymbol{K}} = \boldsymbol{K} - \boldsymbol{I}_n \boldsymbol{K} - \boldsymbol{K} \boldsymbol{I}_n + \boldsymbol{I}_n \boldsymbol{K} \boldsymbol{I}_n \tag{5.3.2}$$

其中，$\boldsymbol{I}_n = \begin{bmatrix} 1 & \cdots & 0 \\ \vdots & & \vdots \\ 0 & \cdots & 1 \end{bmatrix}$。

当选取核函数后,可通过以下步骤完成 KPLS 方法。

步骤 1　令 $i=1$, $\boldsymbol{K}_i=\boldsymbol{K}$, $\boldsymbol{Y}_i=\boldsymbol{Y}$;

步骤 2　随机初始化 $\boldsymbol{u}_i$,设 $\boldsymbol{u}_i$ 等于 $\boldsymbol{Y}_i$ 的任意一列。

步骤 3　计算输出空间变量的得分向量 $\boldsymbol{t}_i=\boldsymbol{K}_i\boldsymbol{u}_i$, $\boldsymbol{t}_i \leftarrow \boldsymbol{t}_i/\|\boldsymbol{t}_i\|$。

步骤 4　计算输出空间变量的得分向量权值 $\boldsymbol{q}_i=\boldsymbol{Y}_i^{\mathrm{T}}\boldsymbol{t}_i$。

步骤 5　循环计算输入空间变量的得分向量 $\boldsymbol{u}_i=\boldsymbol{Y}_i\boldsymbol{q}_i$, $\boldsymbol{u}_i \leftarrow \boldsymbol{u}_i/\|\boldsymbol{u}_i\|$。

步骤 6　重复步骤 2～步骤 5,直到收敛。收敛的条件是 $\boldsymbol{t}_i$ 与 $\boldsymbol{t}_{i-1}$ 在允许的误差范围内相等。

步骤 7　依据下列公式更新矩阵 $\boldsymbol{K}$ 和 $\boldsymbol{Y}$

$$\boldsymbol{K}_{i+1}=\boldsymbol{K}_i-\boldsymbol{t}_i\boldsymbol{t}_i^{\mathrm{T}}\boldsymbol{K}_i-\boldsymbol{K}_i\boldsymbol{t}_i\boldsymbol{t}_i^{\mathrm{T}}+\boldsymbol{t}_i\boldsymbol{t}_i^{\mathrm{T}}\boldsymbol{K}_i\boldsymbol{t}_i\boldsymbol{t}_i^{\mathrm{T}} \tag{5.3.3}$$

$$\boldsymbol{Y}_{i+1}=\boldsymbol{Y}_i-\boldsymbol{t}_i\boldsymbol{t}_i^{\mathrm{T}}\boldsymbol{Y}_i \tag{5.3.4}$$

步骤 8　令 $i=i+1$,如果 $i>i_{\max}$,则终止循环,反之,则返回至步骤 2。

KPLS 的详细描述及常用的确定潜变量个数的方法详见参考文献[19-20]。

在运用 KPLS 方法得到传感器之间的关系式后,就达到了利用传感器之间的解析冗余实现对某一传感器数据数学表达的目的,但是,这种数学表达是利用数据之间可能存在的函数关系得到的,并未反映系统的物理特性,也就是说,即使找到了这种数学关系,也并不意味着在线运行时不同传感器之间的测量数据一定会满足它。

这里假设通过解析式(5.3.1)得到的传感器测量数据为 $\hat{x}_i$,而传感器的实际输出为 x_i,比较观测系统实际输出 x_i 与计算值 $\hat{x}_i$ 形成的残差,然后通过分析残差特性就可以得出表达式(5.3.1)的满足性能。可将系统的残差表示为

$$r=x_i-\hat{x}_i \tag{5.3.5}$$

在理论意义上讲,如果传感器之间存在解析冗余,某一传感器可通过其余某些传感器的输出解析表达时,则式(5.3.5)中残差 r 接近于零;当这种冗余关系不满足时,残差数据偏离零值。以此为依据可对传感器之间的冗余关系和可组合性进行评价。

然而实际系统无法回避的噪声等不确定性因素的影响,当传感器之间存在数学表达关系,残差 r 的概率密度函数应该接近系统测量噪声 w 的概率密度函数,如与 w 的概率密度函数发生偏差,则可认为这种表达关系不成立。因此,可借助于残差概率密度函数的差异性,来描述传感器之间的冗余关系,进而评价传感器之间的可重构性。

为了对系统冗余信息进行可重构性量化评价,一种有效的方法就是通过测量传感器输出信息的残差概率密度函数相似度和差异度,从而可达到定量的描述系统可重构性的目的。因此,利用 KL 散度来评价系统在各种传感器组合下所得数据的差异性,进而达到量化评价动态系统可重构性的目的,无疑是一种可行的途径。

5.3.2　基于 KL 散度进行可重构性量化评价的基本原理

考虑传感器自身会受噪声、干扰等不确定性因素的影响,若通过统计方法来描述这种不确定性,可将传感器受其影响的概率密度函数假定为 $p_w \in Y_w$,其中 Y_w 为其概率密度函数所在的集合。通过实验发现,一般情况下,传感器受到的各种不确定性因素可以通过正态分布来描述,即 $w \sim N(\mu, \delta)$。

假设通过式(5.3.5)所得的传感器残差数据 r 的概率密度函数为 $p_r \in Y_r$,其中 Y_r 为残差概率密度函数所在的集合,则两种残差概率密度函数 p_r 和 p_w 差异性越小,也就意味着传感器之间的冗余关系式(5.3.5)成立的可能性越大,传感器之间的可重构性也就越强。不同分布集合中概率密度函数的距离示意图,两种概率密度函数的不同,对应图中分布集合距离就会不同。

为了通过距离差异度的方法对传感器的可重构性进行评价,考虑如下残差概率密度函数的假设检验

$$H_0 : p = p_w \quad —— \text{原假设}$$

$$H_1 : p = p_r \quad —— \text{备择假设}$$

构造对数似然函数

$$\lambda = \log \frac{p_w}{p_r} \tag{5.3.6}$$

其中,p_r 和 p_w 分别表示系统传感器残差的概率密度函数和噪声的概率密度函数。

借助于 2.3.1 节中的方法,可得 KL 散度的表达式为

$$K(p_w \parallel p_r) = \int_{-\infty}^{+\infty} p_w \log \frac{p_w}{p_r} \mathrm{d}r = E_{p_w} \left[\log \frac{p_w}{p_r} \right] \tag{5.3.7}$$

其中,$E_{p_w}[\log(p_w/p_r)]$ 为在给定残差概率密度函数 p_i 时对数似然函数的期望值。

由于两种概率密度函数 p_w 和 p_r 的 KL 散度最小化等同于这两种概率密度函数的最大似然估计,因此,便可利用最小 KL 散度来量化评价动态系统可重构性 $\mathrm{REG}(w, r)$,具体通过式(5.3.8)和式(5.3.9)可得到定量评价值。

$$\mathrm{REG}(w, r) = \min[K(p_w \parallel p_r)] \tag{5.3.8}$$

$$d = \frac{0.1}{\mathrm{REG}(w, r)} \tag{5.3.9}$$

由于 $K(p_w \parallel p_r) \geqslant 0$,可知 $d \in (0, \infty)$;d 越大,所对应的传感器可重构性越强;当 $d \to 0$ 时,所对应的传感器不具备解析冗余,即不存在可重构性。

通过上述分析可知,借助于求取概率密度函数的 KL 散度,就可达到对系统传感器可重构性进行定量分析的目的。

借助 2.3.3 节稀疏内核密度估计算法即可获取残差概率密度函数的估值,从

而为求解式(5.3.7)奠定了基础,进而为量化评价系统传感器可重构性提供了理论依据。在已知系统残差概率密度函数的基础上,结合2.3.4节中蒙特卡洛方法,即可实现对式(5.3.7)的近似求解,并可进一步达到对系统传感器可重构性进行量化评价的目的。

5.4 可重构性量化评价阈值的优化选取

由于噪声、扰动等不确定性因素的影响,在进行系统可重构性量化评价之初,需首先确定KL散度的阈值h,当KL散度超过阈值h则认为系统满足可重构性指标,判断条件如下

$$d = \frac{0.1}{\text{REG}(w,r)} \geq h \tag{5.4.1}$$

其中,d为系统可重构性量化指标;h为选定的评价阈值,在之后的章节我们将对其数值进行确定。

5.4.1 错分率和漏分率分析

由于残差数据随着系统噪声、扰动等不确定性因素的影响会在一定范围内波动,可能导致对系统可重构性的错分和漏分,因此有必要依据系统可重构性的错分率和漏分率设计自适应阈值来提高其可靠性。

通过假设检验的方式来对动态系统可重构性的错分率和漏分率进行分析,可重构性错分率和漏分率可通过如下方式得到

$$P_{\text{FA}} = P(d \geq h \mid H_0) \tag{5.4.2}$$

$$P_{\text{MA}} = P(d < h \mid H_1) \tag{5.4.3}$$

其中,原假设H_0为系统满足可重构性指标;备择假设H_1为系统不满足可重构性指标。

参照2.5.2节中故障的阈值优化方法,为了求得错分率和漏分率,假定KL散度的概率密度函数为d。假设d服从正态分布,可以对KL散度的一组数据进行Lilliefors检验,显著性水平均小于0.05。

设d的均值为KLm,将蒙特卡洛估计误差σ_{MC}^2作为正态分布的方差,也就是$d \sim N(\text{KLm}, \sigma_{\text{MC}}^2)$,就得到$d$的概率密度函数为

$$f_j(x) = \frac{1}{\sigma_{\text{MC}}\sqrt{2\pi}} e^{-(x-\text{KLm})^2/2\sigma_{\text{MC}}^2} \quad j = 0,1 \tag{5.4.4}$$

根据2.5.2节中方法,错分率和漏分率的计算式如下

$$P_{\text{FA}} = 1 - 0.5 \times \left(1 + \text{erf}\left(\frac{h - \text{KLm}_0}{\sigma_{\text{MC0}}\sqrt{2}}\right)\right) \tag{5.4.5}$$

$$P_{\mathrm{MA}} = 0.5 \times \left(1 + \mathrm{erf}\left(\frac{h - \mathrm{KLm}_1}{\sigma_{\mathrm{MC1}}\sqrt{2}}\right)\right) \tag{5.4.6}$$

5.4.2　阈值的优化选取

从式(5.4.5)和式(5.4.6)不难看出,求解错分率和漏分率与 KL 散度阈值 h 的选取密切相关。阈值 h 选择较大,则错分率减小,但漏分率增大;反之,若阈值 h 选择较小,则错分率增大,漏分率减小。可见,阈值的选取是判断系统是否具备可重构性的关键所在。

依据 d 的统计规律,由于其服从正态分布,考虑统计过程中均值和方差的作用,可设计阈值为 $h = \mathrm{KLm}_0 + \alpha \times \sigma_{\mathrm{MC0}}$,其中 α 为阈值因子。可以看出,阈值调节的重要参数就是阈值因子 α,其大小直接影响阈值的大小,进而影响系统重构过程中的错分率和漏分率。因此,设计阈值因子的优化算法,定义函数 $\mathrm{COST} = P_{\mathrm{FA}} + P_{\mathrm{MA}}$,并运用 2.5.3 节的梯度下降算法对 α 进行优化选取。

5.5　仿真研究与结果分析

三维威亚是目前科技含量较高的立体舞台展现形式,它能完成在一个空间内的表演,且在限定的舞台上没有空间的局限性,能灵活生动地展现舞台特技表演的魅力。若某三维舞台威亚运动系统由 6 台伺服单点吊机及 1 套滑轮组构成,如图 5.2 所示。其中,$A_i(i=1,2,\cdots,6)$ 分别为三维威亚系统中 6 个定滑轮的顶点,P 点为演员或者道具,$M_i(i=1,2,\cdots,6)$ 分别为 6 台伺服电动机,$L_i(i=1,2,\cdots,6)$ 分别为演员位置点到各滑轮顶点之间的钢索绳长。

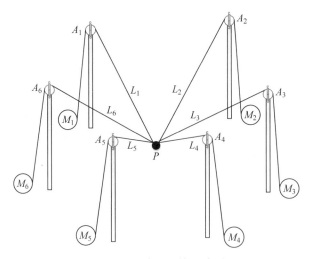

图 5.2　三维威亚系统运动原理

将某实际大型演艺场按一定比例缩小,舞台立体空间的长、宽、高分别取为 $a=50\text{m}$, $b=50\text{m}$, $h=15\text{m}$。

假设威亚演员初始位置点 P,某时段表演背景音乐为 30s,以下式所示的变半径同心圆螺旋曲线运动。

$$\begin{cases} x_d(t) = 3\mathrm{e}^{-0.05t}\cos(0.628t) \\ y_d(t) = 3\mathrm{e}^{-0.05t}\sin(0.628t), \quad t \in (0,30] \\ z_d(t) = 5 - 0.167t \end{cases} \quad (5.5.1)$$

在实验中,伺服电动机的额定功率 $P_N=7.5\text{kW}$;额定电压 $U_N=220\text{V}$;额定转速 $T_N=1000\text{r/min}$;转动惯量为 $J_0=0.36\times10^{-4}\text{kg}\cdot\text{m}^2$;转子磁动势 $\varphi_{f0}=0.2\text{A}$;电动机极对数 $n_p=4$。

对三维威亚控制系统而言,由于在立体舞台展现过程中存在高速运动,且涉及演艺人员和观众的生命安全,安全可靠运行是重中之重。然而,由于舞台威亚系统其自身属于非线性、强耦合的复杂机械系统,在运行过程中受到机身振动、励磁绕组发热等因素影响,严重威胁到演出效果甚至于演艺人员的安全,因而切实提高威亚系统的故障可诊断能力和故障节点的重构能力,对于确保威亚系统安全可靠运行具有重要意义。在三维威亚控制系统中,编码器作为角位移信号反馈的传感器,是保证系统高性能安全的核心部件,通常安装在伺服电动机的轴上,是系统安全运行的重要保障。若编码器发生故障或是受到严重干扰,则会导致测量信息异常,致使无法对系统的安全状况作出判断。因此,在这种情况下为了获取充足的可测信息,使得威亚系统具备足够的故障可诊断能力和容错能力,进行编码器的可重构性评价是前提。

在三维威亚表演中,会受机电参数摄动、钢绳弹性伸缩、环境因素(风载、温湿度)及负载交会等内外不确定性"总扰"的影响,这里,假定这种不确定性满足正态分布 $w \sim N(1,0.1)$。通过采集威亚控制系统编码器的运行数据 θ_i($i=1,2,\cdots,6$),运用 5.3.1 节中 KPLS 方法进行编码器数据的解析冗余分析,并以编码器 1 数据 θ_1 为例,便可计算编码器 1 实际输出和由 KPLS 模型计算值形成的残差 $r_1 = \theta_1 - \hat{\theta}_1$,残差信号如图 5.3 所示,可见随着传感器数目的增加,残差数值在减小。运用稀疏内核密度估计方法对残差的概率密度函数进行估计,所得结果如图 5.4 所示。

通过对残差 r_1 和不确定性 w 运用 KL 散度进行差异性分析,进而可得编码器可重构性的量化评价结果如表 5.2 所示。

从表 5.2 可以看出:就编码器 θ_1 而言,配置的传感器中冗余数目越多,其输出值越容易被重构。用量化指标表示,当仅有一个冗余编码器 θ_4 时,量化指标最小,仅为 0.2464;当有 5 个冗余编码器 θ_2、θ_3、θ_4、θ_5、θ_6 时,量化指标最大,为 1.2048。

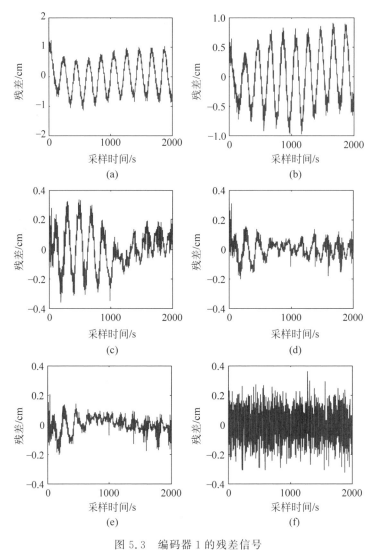

图 5.3　编码器 1 的残差信号

(a) 1 个传感器；(b) 2 个传感器；(c) 3 个传感器；(d) 4 个传感器；(e) 5 个传感器；(f) 噪声

从理论上讲,对于编码器 θ_1,随着其冗余编码器的增多,其测量数据被表达和重构的可能性越大,可重构性量化评价指标也就越大,但其算法复杂度和可实现性难度也越大。因此,为了使得系统具备最大的传感器可重构性,在选择冗余传感器时,不应该选取最多的冗余传感器,而要保障少而精,既能保障其可重构性的量化指标满足要求,又可使得所选用的冗余传感器最少。因此,本节选用了动态规划算法,其算法实现过程类似于 4.4 节,通过传感器数目的迭代选取以期实现在当前所选的传感器集合和在当前数目限制下具备最大的可重构性量化评价指标。

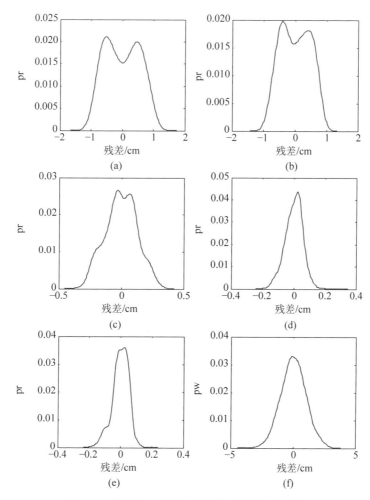

图 5.4 编码器 1 残差数据的概率密度函数估计

(a) 1 个传感器；(b) 2 个传感器；(c) 3 个传感器；(d) 4 个传感器；(e) 5 个传感器；(f) 噪声

表 5.2 编码器 1 可重构性量化评价

编码器组合	$\theta_2,\theta_3,\theta_4,\theta_5,\theta_6$	$\theta_2,\theta_3,\theta_4,\theta_5$	$\theta_2,\theta_3,\theta_4$	θ_3,θ_4	θ_4
θ_1	1.2048	0.8897	0.8224	0.3762	0.2464

借助于 5.4.2 节中的阈值优化选取算法，通过优化迭代可得编码器 1 可重构性量化评价阈值为 $h=0.5$，可见当冗余传感器数目不少于 3 个时当前系统对编码器 1 具备可重构性，当冗余传感器少于 3 个时，当前系统对编码器 1 不具备可重构性，具体如图 5.5 所示。

从图 5.5 中可以明显看出当具备 3 个及以上的冗余编码器时，传感器可重构性量化评价指标超过阈值，系统具备传感器可重构性。同样的方法可得到其余 5 个编码器的可重构性量化评价，如表 5.3 所示。表 5.3 中仅列出了冗余编码器的

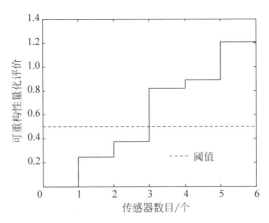

图 5.5   编码器 1 可重构性量化评价结果

数目,当前数目下,编码器的可重构性可达到当前数目下的最大值。

表 5.3   编码器 2～6 可重构性量化评价

编码器组合	编码器数目				
	5 个	4 个	3 个	2 个	1 个
θ_2	1.1786	0.8084	0.6398	0.3414	0.1745
θ_3	1.9841	1.2727	0.6859	0.3608	0.3808
θ_4	1.7007	1.5641	1.0132	0.3226	0.3769
θ_5	1.6556	1.4728	1.0406	0.2779	0.3184
θ_6	0.9294	0.9891	0.6849	0.2845	0.2778

表 5.3 可得到和表 5.2 中类似的结论,通过计算可得编码器可重构性量化评价阈值为 $h=0.5$,可知,系统冗余传感器数目大于等于 3 个时,量化评价指标超过阈值,当前编码器具备可重构性,而当系统冗余传感器数目少于 3 个时,量化评价指标低于阈值,当前编码器不具备可重构性。

只有编码器具备了可重构性能,才能使得系统获取足够的测量信息,而充足的测量信息才能保障系统有足够的故障可诊断能力,在本节案例中若系统由于噪声、故障等因素导致可测编码器目减少,能被用于重构的冗余信息减少,可靠性亦随之降低。对于本节中的三维威亚系统,当不能保障 3 个以上的编码器信息正常测量时,系统则不具备对故障编码器信息进行重构的能力,系统对故障的诊断能力恶化,系统应当停止运行。

5.6   本章小结

本章提出了一种系统传感器重构的系统故障可诊断性设计方法。通过提出传感器可重构性的定义,借助于 KPLS 方法进行传感器间冗余信息分析,并基于 KL

散度计算传感器测量信息残差概率密度函数差异性,从而实现了系统传感器可重构性的量化评价。目前对系统可重构性评价的研究方法多基于系统设计实施之后评价系统是否具有可重构性,如何能在系统设计之初,就将传感器或执行器的可重构性作为系统的本征性能纳入系统设计之中,进而为系统的安全可靠运行提供有力保障,这将是一个很有意义的课题,也是我们下一步的努力方向。

参考文献

[1] FREI C W,KRAUS F J,BLANKET M. Recoverability viewed as a system property[C]// 1999 European Control Conference(ECC). Karlsruhe,Germany,1999: 2197-2202.

[2] WU N E,ZHOU K M,SALOMON G. Control reconfigurability of linear time-invariant systems[J]. Automatica,2000,36(11),1767-1771.

[3] YOU W,YANG Z,JI G. PLS-based recursive feature elimination for high-dimensional small sample[J]. Knowledge-Based Systems,2014,55,15-28.

[4] VITTADINI G,MINOTTI S C,FATTORE M,et al. On the relationships among latent variables and residuals in PLS path modeling: the formative-reflective scheme [J]. Computational Statistics and Data Analysis,2007,51(12),5828-5846.

[5] SADEGHIAN A,WU O,HUANG B. Robust probabilistic principal component analysis based process modeling: dealing with simultaneous contamination of both input and output data[J]. Journal of Process Control,2018,67,94-111.

[6] LIU Z,SONG R,ZENG D,et al. Principal components adjusted variable screening[J]. Computational Statistics & Data Analysis,2017,110: 134-144.

[7] YAO L,GE Z Q. Refining data-driven soft sensor modeling framework with variable time reconstruction[J]. Journal of Process Control,2020,87: 91-107.

[8] ZHENG J H,SONG Z H. Mixture modeling for industrial soft sensor application based on semi-supervised probabilistic PLS[J]. Journal of Process Control,2019,84: 46-55.

[9] ZHANG Y M,JIANG J. Bibliographical review on reconfigurable fault-tolerant control systems[J]. Annual Reviews in Control,2008,32(2): 229-252.

[10] GEHIN A L, HU H, BAYART M. A self-updating model for analysing system reconfigurability[J]. Engineering Applications of Artificial Intelligence, 2012, 25 (1), 20-30.

[11] WANG D,DUAN W,LIU C. An analysis method for control reconfigurability of linear systems[J]. Advances in Space Research,2016,57(1): 329-339.

[12] KARIMI A,MASOULEH M T,CARDOU P. Avoiding the singularities of 3-RPR parallel mechanisms via dimensional synthesis and self-reconfigurability [J]. Mechanism & Machine Theory,2016,99: 189-206.

[13] BENMOUSSA S,LOUREIRO R,TOUATI Y,et al. Monitoring of robot path tracking: reconfiguration strategy design and experimental validation [C]//Proceedings of International Conference on Intelligent Robots and Systems. Tokyo, Japan, 2013: 5821-5826.

[14] ZHANG J,RIZZONI G. Structural analysis for diagnosability and reconfigurability,with

application to electric vehicle drive system[J]. IFAC PapersOnLine, 2015, 48 (21): 1471-1478.

[15]　ERIKSSON D, KRYSANDER M, FRISK E. Quantitative stochastic fault diagnosability analysis[J]. Decision and Control and European Control Conference, 2011, 413: 1563-1569.

[16]　ERIKSSON D, KRYSANDER M, FRISK E. Using quantitative diagnosability analysis for optimal sensor placement[J]. IFAC Proceedings Volumes, 2012, 45(20): 940-945.

[17]　ERIKSSON D, FRISK E, KRYSANDER M. A method for quantitative fault diagnosability analysis of stochastic linear descriptor models[J]. Automatica, 2013, 49(6): 1591-1600.

[18]　JUNG D, ERIKSSON L, FRISK E, et al. Development of misfire detection algorithm using quantitative FDI performance analysis[J]. Control Engineering Practice, 2015, 34(34): 49-60.

[19]　EGUCHI S, COPAS J. Interpreting Kullback-Leibler divergence with the Neyman-Pearson lemma[J]. Journal of Multivariate Analysis, 2006, 97(9): 2034-2040.

[20]　ZHANG Y, MA C. Fault diagnosis of nonlinear processes using multiscale KPCA and multiscale KPLS[J]. Chemical Engineering Science, 2011, 66(1): 64-72.

中 篇

非线性系统故障诊断方法

第6章

基于自适应阈值的粒子滤波算法的非线性
系统故障诊断方法

6.1 引言

　　虽然使系统具备故障可诊断性是对系统进行故障诊断的前提,但是也需要适宜的故障诊断方法与之匹配,方可确保系统故障诊断的有效性。因此,在保障系统具备故障可诊断性的基础上,应进一步开展对非线性系统故障诊断算法的研究。故障诊断技术不仅能够对系统发生故障的类型、部位及其原因作出诊断,而且可以为排除故障提供理论依据,是提高系统安全运行等级的基石。然而,随着现代工程的日益复杂,系统中的非线性特征日趋明显,再加上运行过程中存在着干扰、噪声等不确定因素的影响,甚至于这些噪声不再可以近似为理想的高斯噪声,为故障诊断算法的开展带来了挑战。更甚者,传统基于模型的故障诊断方法多是采用模型的线性化,与实际的工程对象之间存在误差,使得故障诊断过程中阈值的选取变得困难,导致故障诊断过程中面临着故障漏报率和误报率高等困难。这些现代工程中面临的实际问题都致使我们要不断地研究新的控制策略及诊断方法,提升系统的安全性,保障现代工程的可靠运行。

　　近年来,粒子滤波算法的提出为解决现代工程中面临的非线性、非高斯噪声问题提供了一种新的手段,作为递推贝叶斯估计的一种蒙特卡洛实现,粒子滤波算法可以利用蒙特卡洛方法通过贝叶斯估计来逼近状态的后验概率密度,进而实现非线性系统在非高斯噪声影响下的故障检测和分离。残差分析是故障诊断算法开展的基础,然而,由于系统中无法避免地受到噪声、扰动等不确定因素的影响,势必会使得残差在一定范围内波动,使得传统基于固定阈值的故障诊断结果有较高的故障漏报率和误报率。如能随着系统不确定因素的影响设计随之变化的自适应阈值,将会很大程度上提升系统的故障诊断准确性。

因此,本章针对一类非线性系统,在对残差数据的统计特性进行全面分析的基础上,提出了一种基于粒子滤波算法的故障诊断方法,其创新性在于利用残差特性的统计规律设计了故障检测中的自适应阈值,提高对非线性、非高斯系统的故障诊断准确性。

6.2　问题描述

考虑一类非线性系统的状态空间模型为

$$\dot{x}_k = f(x_{k-1}, u_{k-1}, v_k, \theta)$$
$$y_k = g(x_k, u_k, w_k, \theta) \tag{6.2.1}$$

其中,x_k 为 k 时刻时系统的状态变量;u_k 为系统运行过程中的控制变量;y_k 为系统的测量输出;f 和 g 为描述系统状态方程和输出方程的非线性函数;v_k 和 w_k 分别为系统的状态噪声和测量噪声,其概率密度函数假定已知;θ 是描述系统运行的参数变量。

在系统运行过程中,若存在 N 种可能发生的故障,借助于多模型方法,可将系统使用 $N+1$ 种模型 $\{M_i\}_{i=0}^{N}$ 来进行描述,其中:M_0 代表系统正常运行时的系统模型;$M_i(i=1,2,\cdots,N)$ 代表系统在发生第 i 种故障时的系统模型。可见,非线性系统式(6.2.1)可以通过多模型方法描述为

$$\dot{x}_k^i = f^i(x_{k-1}^i, u_{k-1}^i, v_k^i, \theta^i)$$
$$y_k = g^i(x_k^i, u_k^i, \theta^i) + w_k^i \quad i=0,1,\cdots,N \tag{6.2.2}$$

式(6.2.2)中测量噪声 w_k^i 采用了线性表达的方式表示。

为了对式(6.2.2)中可能存在的 i 种故障进行检测,需要知道系统输出的预测值,即

$$\hat{y}_k^i = g^i(x_{k|k-1}^i, u_k^i, \theta^i) \tag{6.2.3}$$

其中,$x_{k|k-1}^i$ 表示对系统状态变量的一步预测;$\hat{y}_k^i$ 表示对系统运行过程中输出变量的预测。因此,可以获取系统的残差数据为

$$\hat{r}_k^i = y_k - \hat{y}_k^i \tag{6.2.4}$$

通过式(6.2.4)可以看出,如果系统正常运行,则残差数据 $\hat{r}_k^i$ 的概率密度函数与测量噪声 w_k^0 的概率密度函数应该相近;反之,如果二者之间的概率密度函数在一定程度上发生偏差,这种偏差就可以作为对系统进行故障诊断的依据。可以看出,残差数据是对系统进行故障诊断的基础,而残差数据的获取需要知道系统的输

出变量预测值 $\hat{y}_k^i$，可以通过粒子滤波算法来达到这一目的。粒子滤波算法不同于传统的滤波算法，其充分结合了模型和数据的优势，不仅适用于线性系统，而且在非线性系统中也有很强的适用性，既可以实现对系统状态的优化估计，又可以对系统运行输出值进行预测。

6.3　粒子滤波算法

若系统运行时的初始状态为 x_0，且已经获取初始状态的先验概率分布为 $p(x_0|y_0)$，借助于系统的输出状态变量 $y_{1,k}$，通过如下步骤就可得到后验概率密度函数 $p(x_k|y_{1,k})$。

步骤 1　预测，公式为

$$p(x_k \mid y_{1,k}) = \frac{p(y_k \mid x_k)p(x_k \mid y_{1,k-1})}{p(y_k \mid y_{1,k-1})} \tag{6.3.1}$$

步骤 2　更新，公式为

$$p(x_k \mid y_{1,k-1}) = \int p(x_k \mid x_{k-1})p(x_{k-1} \mid y_{1,k-1})\mathrm{d}x_{k-1} \tag{6.3.2}$$

其中，

$$p(y_k \mid y_{1,k-1}) = \int p(y_k \mid x_k)p(x_k \mid y_{1,k-1})\mathrm{d}x_k \tag{6.3.3}$$

对于线性高斯系统而言，由于其概率密度函数仅通过均值和协方差就可以确定，并可借助于卡尔曼滤波算法来实现更新。然而，对于非线性非高斯系统，在求解式(6.3.1)的过程中需要计算多个多维积分，要得到解析解比较困难。因而，通过选用近似逼近算法来实现最优的贝叶斯估计就很关键。

序列蒙特卡洛方法是通过这样的方法来进行近似的：将积分运算过程转化为样本点的求和运算过程，这样，$p(x_k|y_{1,k})$ 就可以通过粒子 x_k^i 和它们的权值 w_k^i 进行近似计算

$$p(x_k \mid y_{1,k}) = \sum_{i=1}^{N} w_k^i \delta(x_k - x_k^i) \tag{6.3.4}$$

在实际计算过程中，若要从后验概率分布中进行直接采样难度很大，因此，可以借助于容易采样的分布函数 $q(x_k|y_{1,k})$ 来替代后验概率分布进行采样，也就是重要性采样(importance sampling，IS)算法，将 $q(x_k|y_{1,k})$ 定义为重要性分布函数。鉴于推算过程中的方便性考虑，可把重要性分布函数实现如下进一步的变形：

$$q(x_k \mid y_{1,k}) = q(x_k \mid x_{0,k-1},y_{1,k})q(x_{0,k-1} \mid y_{1,k-1}) \tag{6.3.5}$$

在从式(6.3.5)中采样时，如果系统状态满足马尔可夫过程(Markov process)，而且在给定的系统状态下获取的观测值互相独立，则可以得到其重要性权值为

$$w_k^i = w_{k-1}^i \frac{p(y_k \mid x_k^i)p(x_k^i \mid x_{k-1}^i)}{q(x_k^i \mid x_{0,k-1}^i,y_{1,k})} \tag{6.3.6}$$

综合式(6.3.4)和式(6.3.6),进行代入计算之后就可以获取对后验概率密度 $p(x_k \mid y_{1,k})$ 的估计。该算法也称为序贯重要性采样(sequential importance sampling,SIS)算法。

在序贯重要性采样算法中,粒子数容易发生匮乏或是退化,也就是说在多次迭代计算过程中权值较小的粒子会被丢弃,从而导致重要性权值的数值分布变得极端,产生了无效的计算结果,会对 $p(x_k \mid y_{1,k})$ 的预测和更新产生影响。为了避免这种情况,研究人员提出了一种新的方法,对粒子进行重采样,通过新粒子集的生成,抛弃权值较小的粒子,降低权值分布极端的影响。

6.4　故障诊断方法设计

为了对非线性系统模型式(6.2.2)中可能发生的故障进行检测和分离,残差分析是其重要依据,用于识别系统中可能发生的故障,并对不同种类的故障进行分离。

6.4.1　故障检测

根据系统模型式(6.2.1)可知,故障的发生一般都是由系统中的参数 θ 发生变化导致的,为了识别 θ 的偏离值,可以借助于输出似然函数 $p(y_{1,k} \mid \theta)$ 来实现,选用如下的假设检验

$$H_0 : \theta = \theta^0$$
$$H_1 : \theta \neq \theta^0$$

其中,θ^0 为参数 θ 的稳定真值。当 H_0 为真时,系统正常运行,无故障发生,满足 $\theta = \theta^0$;反之,当 H_1 为真时,系统发生故障,此时系统参数偏离真值,$\theta \neq \theta^0$。

为了对系统中故障进行检测的需要,设计如下的对数似然函数

$$L^i(k) = \ln[E(p(y_{k-m,k}, x_{k-m,k} \mid \theta^i))] \tag{6.4.1}$$

其中,E 为似然函数的数学期望。针对式(6.4.1)中似然函数的 M 个时刻进行求和,可得

$$S^i(m,k) = \sum_{j=k-M+1}^{k} [-L^i(m,j)] \tag{6.4.2}$$

借助于粒子滤波算法的特性,可得

$$E[p(y_{k-m,k}, x_{k-m,k} \mid \theta^i)] = \int p(y_{k-m,k}, x_{k-m,k} \mid \theta) \log[p(y_{k-m,k}, x_{k-m,k} \mid \theta^i)] \mathrm{d}x_{k-m,k}$$
$$\approx \sum_{j=1}^{N} w_{k-m,k}^j \log[p(x_{k-m,k}^j, y_{k-m,k}, x_{k-m,k} \mid \theta)] \tag{6.4.3}$$

其中,$w_{k-m,k}^j$ 为在运用粒子滤波算法进行系统状态序列估算时所得的似然比权值。通过引入非线性马尔可夫特性分析进一步可得

$$p(x^j_{k-m,k}, y_{k-m,k} \mid y_{k-m,k}, \theta) = p(x^j_1 \mid y_{k-m,k}, \theta) \prod_{t=k-m}^{k} p(x^j_t \mid x^j_{t-1}, \theta) \prod_{t=k-m}^{k} p(y_t \mid x^j_t, \theta)$$

$$(6.4.4)$$

综合式(6.4.3)、式(6.4.4)和式(6.4.1),通过代入计算可以获取对数似然函数 $L^i(k)$。

在给定阈值 δ 的情况下,如果满足 $S^0(m,k) > \delta$,则根据设计的故障检测算法,可以判定系统发生了故障。然而,在实际工程问题中,由于系统不可避免地受到噪声、干扰等不确定因素的影响,若仍采用固定阈值的方式来判定系统的故障情况,容易使得故障漏报率和误报率升高。鉴于此,如果能根据系统中不确定性的变化,设计一种根据不确定变化而变化的自适应阈值,将很大程度上降低故障漏报率和误报率,提升故障诊断的准确性。

6.4.2 自适应阈值设计

借助于参考文献[1]中的对象模型,通过粒子滤波算法计算其输出预测值,并结合获取的系统实际测量值,就可以得到系统的残差数据。

残差数据的分析是对系统进行故障诊断的基础,而自适应阈值的设计是故障检测和分离有效实施的重要保障。在系统受到不确定因素的影响下,残差数据势必会发生波动,可以通过残差波动的统计规律来设计自适应阈值。在系统的不同运行工况下,连续采集 200 次系统运行过程中的残差数据,由于系统稳定的情况下,参数值会在稳定范围内波动,可以发现,所得的残差数据样本近似为 0 的数值较多,而当残差值远离 0 点时,数据点逐渐变少。

进一步分析,在确定了系统采样周期后,可以对 200 次运行的残差数据统计其每个时刻的采样值,并进行归一化,所得的分布图如图 6.1 所示。

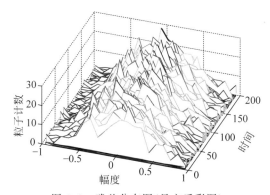

图 6.1 残差分布图(见文后彩图)

从图 6.1 可以看出,对于采集的残差样本数据,当残差值接近 0 值时,分布图中所对应的采样点数较多,但是当残差幅值逐渐变化,偏离 0 值时,采样点数逐渐减少,甚至于趋于 0,满足正态分布的特性。可以采用 Lilliefors 检验来确定其分布是否服从正态分布,所得显著性评价水平为 0.02,可以看出该系统运行的所得的残差统计特性确实可近似为正态分布。

依据残差数据的统计特性,可设计其期望与方差为

$$\eta(t_k) = \frac{1}{n} \sum_{i=1}^{n} r_i(t_k) \tag{6.4.5}$$

$$\sigma^2(t_k) = \frac{1}{n-1} \sum_{i=1}^{n} (r_i(t_k) - \eta(t_k))^2 \tag{6.4.6}$$

其中,$\eta(t_k)$ 代表 t_k 时刻残差数据的均值;$\sigma^2(t_k)$ 代表 t_k 时刻残差数据的方差。

将显著性水平设为 $\alpha = 0.03$,也就是将置信度设为 97%,可得相关系数 $z = 2.17$,符合公式

$$p\{\bar{\eta} - z\sigma < \eta < \bar{\eta} + z\sigma\} = 1 - \alpha \tag{6.4.7}$$

基于此可将自适应阈值设计为

$$\delta_{th}(t_k) = \eta(t_k) \pm 2.17\sigma(t_k) \tag{6.4.8}$$

6.4.3　故障隔离

通过粒子滤波算法故障检测的设计,可以对非线性、非高斯系统中可能发生的故障进行检测,然而即使检测到了系统故障,要做到故障之间的分离也比较困难,因为故障分离通常比故障检测更为复杂。本节中对于系统中可能发生的故障,将其故障集合定义为 $\{M_i\}_{i=0}^{N}$,为了便于操作,假定不会有两种以上的故障同时发生。如果系统中发生了两种故障 M_1、M_2,则将这种情况认定为一种新的故障 $M_{1,2}$,并将其加入故障集 $\{M_i\}_{i=0}^{N}$ 之中。

为了对故障进行分离,识别系统中所发生的故障模式,匹配到特定的故障模型,就需要设计一组平行的粒子滤波器,通过计算每一个粒子滤波器的对数似然函数 $L^i(k)$ 来实现故障的有效分离。当所得的对数似然函数和较小时,可以认为实际系统模型与该故障模型相匹配,而此时往往其他模型所对应的对数似然函数和都比较大。故障检测和分离原理如图 6.2 所示。

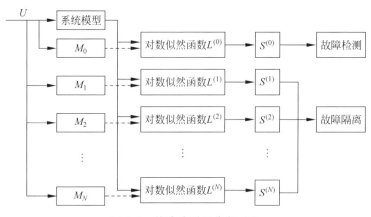

图 6.2　故障检测和分离原理

6.4.4 故障误报率和漏报率

即便是为系统设计了自适应阈值,提高了故障诊断的准确性,降低了故障的漏报率和误报率,但是由于系统中各种内外不确定因素的影响,故障的漏报和误报也难以彻底消除。

故障漏报率和误报率是评价故障诊断有效性的重要指标,依据参考文献[2]中提出的漏报率 p_m 和误报率 p_f 计算方法,可得

$$p_m = \frac{E}{F \times G} \tag{6.4.9}$$

$$p_f = \frac{C}{E \times D} \tag{6.4.10}$$

其中,F 为系统运行次数的合计;E 为在系统运行过程中,残差数据小于阈值的次数;G 为在系统一次运行过程中的总点数;在系统正常运行过程中,如果残差数值大于阈值,则将其时间点的总数记为 C;将系统正常运行时的时间点总数记为 D。

6.5 仿真研究与结果分析

考虑使用 2.6 节中非恒温连续搅拌水箱式反应堆作为仿真对象,表 6.1 为系统中可能存在的 4 种故障模式。

表 6.1 反应堆的 4 种故障模式

故 障	稳 态 值	故 障 值
F_1:温度传感器偏差 T_0/℃	280	295~311
F_2:流量传感器偏差 L_0/(m³/h)	4.998	5.25~5.5
F_3:温度传感器偏差 T_{03}/℃	280	295~311
F_4:流量传感器偏差 L_1/(m³/h)	4.998	5.25~5.5

在 2.6.2 节中已经论述了对上述 4 种故障模式的故障可诊断性,因此针对 4 种故障模式,应用本章中所述的故障检测方法,假设故障发生在采样时刻 80~140。采用 6.4.1 节和 6.4.2 节描述的基于对数似然函数和的故障检测方法,检测结果如图 6.3~图 6.6 所示。

通过图 6.3~图 6.6 可以看出,在系统未发生故障时,似然函数和 $S^{(0)}$ 的数值较小,未超过故障阈值,而当检测到系统发生故障时,$S^{(0)}$ 数值增大,超过阈值。由于本章在故障检测的过程中,设计了自适应阈值,因此无须提前设计固定阈值,系统可以依据残差数据的统计特性计算出自适应阈值,从而实现对系统较为准确的故障检测。

对于固定阈值的设计方法,其准则是:要把系统无故障时的状态包含在阈值之中,如果残差数据逾越了设计的固定阈值,就可以认为系统发生了故障。对于本

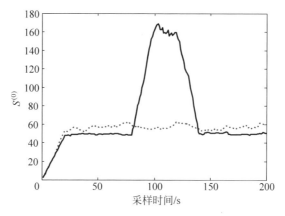

图 6.3　故障模式 F_1 检测

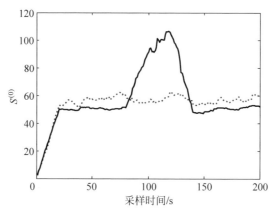

图 6.4　故障模式 F_2 检测

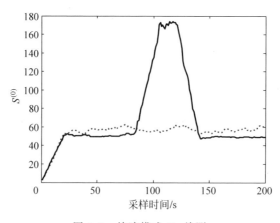

图 6.5　故障模式 F_3 检测

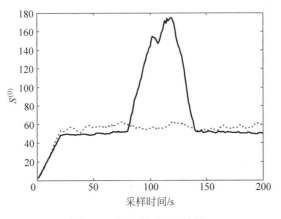

图 6.6　故障模式 F_4 检测

节中所述的非线性系统,为了与自适应阈值方法进行比较,可以采用阈值均方根法对固定阈值进行设计。将系统可能发生的 4 种故障模式的允许误差进行综合考虑,如果各个通道仅允许最大误差为 E_i,则在最坏情况下的系统允许的最大误差为 $E_{\max}=\left(2\sum\limits_{i=1}^{4}E_i^2\right)^{\frac{1}{2}}$,可以依据这个最大允许误差作为系统故障检测的固定阈值。可计算出本节中仿真案例的固定阈值为 65。

借助于 6.4.4 节中的故障漏报率和误报率计算方法,对在固定阈值和自适应阈值下的故障检测准确性进行检验,如表 6.2 所示。

表 6.2　故障诊断漏报率比较

故　　障	阈值($\delta=65$)	自适应阈值
F_1:温度传感器偏差 T_0	0.1287	0.0865
F_2:流量传感器偏差 F_0	0.1043	0.0887
F_3:温度传感器偏差 T_{03}	0.1276	0.0564
F_4:流量传感器偏差 F_1	0.1190	0.0578

在完成了对系统故障的检测之后,就需要对系统发生的故障进行分离,确定其对应的故障模式。通过比较对数似然比函数和 $S^{(1)}$、$S^{(2)}$、$S^{(3)}$、$S^{(4)}$ 数值的大小可以发现,若当前的发生的故障与某一故障模式匹配时,则所对应故障模式下的对数似然函数和 $S^{(i)}$ 数值较小,而其余故障模式下的对数似然函数和 $S^{(i)}$ 则数值较大,如图 6.7~图 6.10 所示。例如,图 6.7 中,当前发生的故障隶属于故障模式 F_1,则 $S^{(1)}$ 的数值较小,而 $S^{(2)}$、$S^{(3)}$、$S^{(4)}$ 的数值则相对较大,由此,可以实现对不同故障模式的有效分离。

虽然在 2.6.3 节中已对系统故障可诊断性作出了量化评价,也指出故障可诊断性分为故障可检测性和故障可分离性,然而我们认为故障分离的复杂度要远高于故障检测,也就是说从系统测量信息中确定有没有发生故障要比将系统中两种

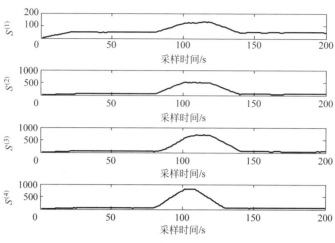

图 6.7　故障模式 F_1 分离

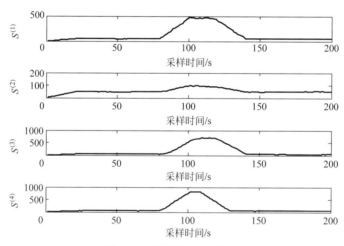

图 6.8　故障模式 F_2 分离

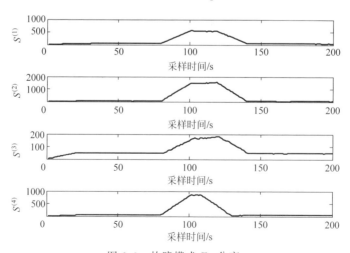

图 6.9　故障模式 F_3 分离

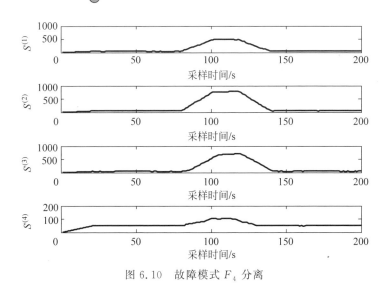

图 6.10　故障模式 F_4 分离

故障分离开简单很多。可见不管是故障检测还是故障分离,保障了可检测性和可分离性,并不能确定故障一定可准确检测和分离,这一定程度上还依赖于故障诊断算法的选取。

6.6　本章小结

粒子滤波算法作为一种结合了数据和模型的综合方法,为解决非线性、非高斯系统的故障诊断问题提供了新的手段,随着计算机计算能力的提升,粒子滤波算法将会焕发新的生机。基于此,本章设计了一种基于粒子滤波算法的故障检测和分离方法,通过引入对数似然和作为评价指标,不仅可以实现对故障的有效检测,而且在设计故障数据集的基础上可对不同的故障模式进行分离。同时,为了提升故障检测的准确性,降低故障漏报率和误报率,本章还提出了一种基于残差统计特性分析的自适应阈值设计方法,在不依赖系统机制和数学模型情况下,运用统计规律获取系统阈值,进而进行故障检测。通过仿真研究也验证了文中方法的可行性和有效性。

参考文献

［1］ NYBERG M,NIELSEN L. Parity functions as universal residual generators and tool for fault detectability analysis［C］//IEEE Conference on Decision and Control. San Diego: IEEE,1997:4483-4489.

［2］ ALIKAR N,MOUSAVI S M,GHAZILLA R A R,et al. Application of the NSGA-II algorithm to a multi-period inventory-redundancy allocation problem in a series-parallel system[J]. Reliability Engineering & System Safety,2017,160:1-10.

第7章

基于数据驱动残差评价策略的故障检测方法

7.1 引言

在系统运行过程中,由于多种工况的存在,使得系统即使在正常运行时,也会发生多种运行模式之间的切换,以致不确定因素会因此而放大,使得残差呈现一种非平稳特征。这就使得即便系统具备了故障可诊断性,在故障诊断算法的选取上也会面临困难。残差分析是对系统进行故障诊断的基础,当系统正常运行时,残差数据随着系统不确定性的波动而波动,当系统发生故障时,残差数据会因为故障的存在而发生变化。对于单一工况运行的系统而言,运用上述分析就可以设计算法对系统可能发生的故障进行检测,但是对于多工况系统,由于运行模式的变化,使得系统的稳定值发生了变化,若仅用单一模式下的稳定值进行残差分析,进而进行故障检测,极易造成故障的误报。一种可行的方法是利用统计方法,对系统不平稳的残差数据设计自适应阈值,以应对系统正常运行时的多工况,但是由于对系统工况不能全面地分析,在数据量少的情况下,自适应阈值设计困难,且容易造成对系统故障的漏报。因此,针对多工况、多模式运行下的复杂系统,有必要设计新的故障检测方法,在系统具备故障可检测性的前提下,对系统进行有效的故障检测,降低故障的漏报率和误报率。

鉴于以上分析,本章通过引入基于相似度分析的 KL 散度算法并予以改进,在运用数据驱动方法对非平稳残差进行分类评价的基础上对系统进行故障检测。首先提出一种模式适配度的方法对系统正常运行时的模式数进行计算;其次借助于 K 均值方法在已知运行模式数的情况下对残差数据进行聚类;最后利用 KL 散度算法,在计算实时数据和离线数据距离相似度的基础上对系统可能发生的故障进行检测。

7.2 多模式运行系统的故障检测方法描述

系统的运行状况可以通过分析系统残差数据获取,对比系统正常运行和故障状况时的残差数据就可以知道系统目前所处的运行状态。然而,由于系统受到噪声、扰动等不确定因素的影响,不同的系统残差特性往往不同,即使是同一系统,由于系统运行时的多工况、多模式等因素的存在,使得残差呈现一种非平稳的特性,这对于传统基于单一模式下基于残差数据分析的故障诊断方法无疑是一种挑战。

对于具有非平稳残差数据的多模式运行系统,比起基于模型的故障检测方法,基于数据驱动技术的故障检测的方法更加适用,这样就可抛开对复杂对象的建模,仅依靠系统运行时获取的状态数据,进行分析后得到系统的运行状态。通过对系统正常运行时采集的数据进行聚类后,得到系统无故障时的运行模式,当系统在线运行时,就可以分析与离线数据的差异度,进而实现对多模式运行系统的故障检测。

对于某类多模式系统,在其正常运行时获取的残差数据集合为 $D = \{r_1, r_2, \cdots, r_{N_D}\}$,$N_D$ 为获取的样本总数。对于单模式系统而言,可以通过统计方法对集合 D 内的残差数据进行统计分析,进而得到其统计特性,然而当系统运行模式发生切换时,由于集合 D 内的残差数据会发生变化,其统计规律也会随之改变,很难将其像单一模式系统一样统一在一种概率分布之下。因此,有必要对不同的运行模式下的残差数据进行分类,但是新的问题是目前为止还难以确定系统有多少种运行模式。基于这些问题,先将集合 D 划分为若干残差子集,每个残差子集的样本数量尽可能少,分割后的子集如下

$$R_k = \{r_{k-n}, r_{k-n+1}, \cdots, r_k\} \qquad (7.2.1)$$

其中,n 为分割后所得的子集样本数,满足 $n < N_D$。将划分后的残差子集统一在一个集合之中,即

$$T = \{R_1, R_2 \cdots, R_{N_T}\} \qquad (7.2.2)$$

通过上述分析可得 $N_T = N_D / n$。这里将残差数据进行划分的目的就是获取系统的运行模式数,若 R_k 中的残差数据源于同一种运行模式,无疑对于确定系统的运行模式数是很关键的,在实际操作过程中,只要使得分割后的子集样本数 n 尽可能小,即小于任一运行模式的运行时间,且大于系统运行时的任意两种模式切换时间就可以实现这一目标。

因此,对于 T 中包含的任意子集 $R_k \subset T(k=1,2,\cdots,N_T)$,在系统正常运行时,都可以视为其中的残差数据属于同一种运行模式。对于这一特定的系统运行模式,如果假定其残差数据为平稳过程,那么此时 R_k 中的残差数据具有相似的统计特性,可认为有相同的概率密度函数。

这里需要说明的是,根据上述讨论,虽然假定了 $R_k \subset T(k=1,2,\cdots,N_T)$ 属于系统中的同一种运行模式,但是这也并不能说明系统具有 N_T 种运行模式,原因是存在不同的残差集合 R_k 属于同一种运行模式的可能性。换句话说,如果系统正常运行时有 K 种运行模式,那么若通过概率密度函数对集合 T 进行分类,应该可以分为 K 类,其中 $K < N_T$。即可以通过优化聚类算法对集合 T 中的残差子集 $R_k(k=1,2,\cdots,N_T)$ 进行聚类,所得的结果即为系统的运行模式数 K。在 7.3.4 节中会对采用的聚类算法进行介绍,这里我们假定已经对残差集合 T 进行了聚类,且所得的运行模式数为 K。针对不同的系统运行模式,可以把系统结构参数化描述为

$$\theta = \{\theta_1, \theta_2, \cdots, \theta_K\} \tag{7.2.3}$$

其中,$\theta_i(i=1,2,\cdots,K)$ 表示在运行模式 i 下,系统的结构参数化描述。在系统正常运行时,对于各个运行模式下的残差数据,借助于核概率密度函数估计方法,对概率密度函数进行估算,所得结果为

$$p(\theta^{\mathrm{NF}}) = \{p(\theta_1^{\mathrm{NF}}), p(\theta_2^{\mathrm{NF}}), \cdots, p(\theta_K^{\mathrm{NF}})\} \tag{7.2.4}$$

其中,$p(\theta_i^{\mathrm{NF}})(i=1,2,\cdots,K)$ 表示在运行模式 i 下,所对应的系统残差运用核概率密度函数的估计结果。

这样,在离线情况下就借助残差数据对系统的运行模式进行了分类,以此为基础,可检测系统在线运行时可能发生的故障。为了实现这一目标,需要在线采集系统运行时的状态数据,并获取其残差数据,公式为

$$R'_k = \{r_{k-m}, r_{k-m+1}, \cdots, r_k\} \tag{7.2.5}$$

其中,m 表示采集实时运行数据时选取的数据窗长度。

为了对实时运行时的故障状况进行检测,对于单一模式系统比较容易设计算法,然而,对于多模式运行的系统,由于不能确定当前的实时数据属于哪一种运行模式,就不能确定当前的故障发生在何种运行模式下,为基于残差进行的系统故障检测带来了困难。为了设计合理的检测算法,实现对系统故障的精确诊断,需要作出两个假设:①对于实时采集的数据,假定其属于何种运行模式为未知;②对于这种未知的系统运行模式,其属于何种具体的概率密度函数也未知。为了实现对 R'_k 和 R_k 进行区分,进而达到检测故障的目的,就需要保障其采集的数据均来自系统中的同一种运行模式,即需要满足

$$m \leqslant \min(n_{\theta_1}, n_{\theta_2}, \cdots, n_{\theta_K}) \tag{7.2.6}$$

其中,n_{θ_K} 为在运用聚类算法对系统残差进行聚类后,属于某一特定系统运行模式的残差数据数量。可运用前述的核密度估计方法对在线实时数据进行概率密度函

数的估计,所得结果为 $p(\theta_m)$。

通过上述分析可以看出,虽然多模式系统的故障检测还面临诸多困难,但是可以运用数据驱动的方法,通过对离线历史数据进行聚类,确定出系统的运行模式数及各个模式下数据的统计特性。在系统处于实时运行时,就可以对在线数据进行统计分析的基础上,对离线各个模式下的统计特性进行差异度分析,从而确定系统所处的运行状态及可能发生的故障。

7.3　基于数据驱动方法的故障检测

7.3.1　KL 散度算法的改进

为了达到对多模式运行系统进行故障检测的目的,可以通过比较在线残差数据和离线残差数据之间概率密度函数 $p(\theta_m)$ 和 $p(\theta^{\mathrm{NF}})$ 的差异度来实现,通过设计阈值,若两者比较后超过阈值,则认为系统发生故障,否则,则认为系统无故障发生。

如前所述,为了对两种概率密度函数进行比较,可以通过差异度比较方法,如KL 散度算法来实现。

对于某一随机变量 x,$f(x)$ 与 $g(x)$ 为其对应的两种连续概率密度函数,可将KL 距离定义为

$$I(f \parallel g) = \int f(x) \log \frac{f(x)}{g(x)} \mathrm{d}x \tag{7.3.1}$$

通过式(7.3.1)可以得到两种概率密度函数之间的 KL 散度(Kullback-Leibler divergence,KLD)为

$$\mathrm{KLD}(f,g) = I(f \parallel g) + I(g \parallel f) \tag{7.3.2}$$

KL 散度可以用来度量概率密度分布之间的差别,其物理意义为两个向量之间的夹角,因而其值越大,也就意味着两种分布越容易被区分,如果两种分布完全一致,则其值为 0。KL 散度有如下特性:

$$\mathrm{KLD}(f,g) \geqslant 0$$
$$\mathrm{KLD}(f,g) = 0, \quad 若 \quad f = g \tag{7.3.3}$$

通常而言,概率分布多是通过核密度估计等方法来获取,这里,为了对 KL 散度计算进行简化,假定随机变量 x 服从正态分布特性,也就是满足 $f(x) \sim N(\mu_1, \sigma_1^2)$、$g(x) \sim N(\mu_2, \sigma_2^2)$。然而,众所周知,正态分布虽然有两个特征量,但是由于其外观相似性,使得 KL 散度的计算值偏小,对故障有效检测带来了困难,鉴于此,为了达到对故障准确检测的目的,本节引入了一种改进的 KL 散度计算方法:

$$\mathrm{KLD}(f,g) = \frac{1}{2} \left[\frac{\sigma_2^2}{\sigma_1^2} + \frac{\sigma_1^2}{\sigma_2^2} + (\mu_1 - \mu_2)^2 \left(\frac{1}{\sigma_1^2} + \frac{1}{\sigma_2^2} \right) - 2 \right] \tag{7.3.4}$$

式(7.3.4)的计算过程中不仅避免了对概率密度函数的估计,而且仅引入了正态分布的特征量均值和方差,对于系统中可能发生的小故障具有更好的检测效率,还可以较好地降低故障检测过程中的漏报率和误报率。

7.3.2　基于 KL 散度的故障检测

通过采用 KL 散度算法,计算系统无故障和发生故障时残差概率密度函数的距离相似度,从而实现对系统进行故障检测的目的,可通过下式得到

$$\min_{i=1,2,\cdots,K} \mathrm{KLD}(p(\theta_m),p(\theta_i^{\mathrm{NF}})) > \delta_{\mathrm{th}} \qquad (7.3.5)$$

其中,δ_{th} 为 KL 散度计算的阈值,即故障检测的阈值;K 为系统正常运行时系统的运行模式数;m 为实时检测数据的数据窗长度,其符合式(7.2.6)条件要求;$p(\theta_m)$ 为通过核密度估计得到的在线残差概率密度函数;$p(\theta_i^{\mathrm{NF}})(i=1,2,\cdots,K)$ 为当系统正常运行时,第 i 种模式下的残差数据概率密度函数。

对于在线采集的实时残差数据,其数据长度为 m,通过核密度估计可得到其概率密度函数 $p(\theta_m)$,将其与系统正常运行时的 K 种残差概率密度函数进行比较,即计算两者之间的 KL 散度,若其 KL 散度的最小值超过阈值 δ_{th},即说明当前状况下有故障发生,且故障发生在该最小值处,否则,认为系统无故障发生。

根据这种故障检测方法,仅依赖于系统运行数据,通过计算在线数据和离线数据之间的 KL 散度就可以获取系统的运行状态,避免了对系统复杂机制的建模,简化了较复杂非线性系统的故障检测过程。然而,就非平稳过程而言,上述方法的开展是建立在已知系统运行模式数的基础上的,而目前为止,仅假设了系统的运行模式数为 K,既不知道 K 值的大小,又无法确定哪些残差数据隶属于特定的某一运行模式。

因此,上述方法开展的基础是要确定系统的运行模式,关键需要解决两个问题:①需知道系统具体运行模式数 K 值的大小;②在确定 K 值之后,需对残差数据进行聚类,将其划分在特定的运行模式之下。

下面通过设计一种自学习算法,并引入 K 均值聚类算法来分别解决这两个关键问题。

7.3.3　基于自学习方法的 K 值确定

为了获取系统的运行模式数,这里提出一种用以描述残差数据与系统结构模型匹配程度的量化度量指标,即模式适配度,来对残差数据集合 T 进行描述。也就是利用系统运行时的残差数据集合 T 对多模式系统的运行模式 θ 进行匹配的定量评价,可定义为 $V(T,\theta)$。

在已知模式适配度 $V(T,\theta)$ 的情况下,就可以借助于残差数据的分布规律来获取系统的运行模式数 K 的近似值 K^*,即

$$K^* = \mathrm{argmax}[V(T,\theta)] \qquad (7.3.6)$$

由此可得,求解运行模式数近似值 K^* 的关键在于要知道系统的模式适配度函数 $V(T,\theta)$。$V(T,\theta)$ 的求解可以通过统计方法来获取。

假定 r 为残差数据集合中的随机采样,采样值隶属于集合 $X=\{x_1,x_2,\cdots,x_M\}$,那么对于系统中某一特定的运行模式 $\theta_i(i=1,2,\cdots,K)$,满足 $r=x_j$ 的概率分布为

$$p(r_j\mid\theta_i)=p(r=x_j\mid\theta_i)=\theta_{ij} \tag{7.3.7}$$

其中,$j=1,2,\cdots,M$,当前情况下系统运行模式的总数并不知道,假定 $i>0$,并且有

$$\sum_{j=1}^{M}\theta_{ij}=1$$

$$\theta_{ij}\geqslant 0,\quad i=1,2,\cdots,K,j=1,2,\cdots,M \tag{7.3.8}$$

与前类似,假定系统有 N 个残差数据的随机采样为 $r_1,r_2,\cdots,r_N$,不难确定其联合概率分布函数为 $p(r_1,r_2,\cdots,r_N\mid\theta)$,这里假设 $r_1,r_2,\cdots,r_N$ 满足独立同分布特性。

这里将 $r_1,r_2,\cdots,r_N$ 中值等于 x_j 的样本数量定义为 c_j,也就是

$$c_j=\{r_k\in\{r_1,r_2,\cdots,r_N\}\mid r_k=x_j,x_j\in X\} \tag{7.3.9}$$

可以看出 $\sum_{j=1}^{M}c_j=N$。由于随机残差样本 $r_1,r_2,\cdots,r_N$ 满足独立同分布特性,可获取残差样本的似然函数为

$$L(\theta\mid r)=\prod_{i=1}^{N}p(r_i\mid\theta) \tag{7.3.10}$$

结合式(7.3.7)和式(7.3.9),可将式(7.3.10)转化为

$$L(\theta\mid r)=\prod_{i=1}^{N}p(r_i\mid\theta)=\prod_{i=1}^{N}\theta_{ij}^{c_j} \tag{7.3.11}$$

其中:$i=1,2,\cdots,K$;$j=1,2,\cdots,M$。若系统的运行模式数为 K,分析如下的对数似然函数

$$l(\theta\mid r)=\log[L(\theta\mid r)]=\sum_{j=1}^{M}c_j\log\Big[\sum_{i=1}^{K}\theta_{ij}\Big] \tag{7.3.12}$$

针对残差数据分类结果,在未知系统运行模式数之前,将残差数据分为了 N_T 类,而通过优化之后其数目为 K,可见 $K<N_T$,由此可知在系统运行模式数未知时

$$l(\theta\mid r)=\log[L(\theta\mid r)]=\sum_{K=1}^{N_T}\sum_{j=1}^{M}c_j\log\Big[\sum_{i=1}^{K}\theta_{ij}\Big] \tag{7.3.13}$$

计算最大对数似然函数,公式为

$$\hat{l}(\theta\mid r)=\max_{i=1,2,\cdots,K}l(\theta\mid r)$$

$$=\max_{i=1,2,\cdots,K}\sum_{K=1}^{N_T}\sum_{j=1}^{M}c_j\log\Big[\sum_{i=1}^{K}\theta_{ij}\Big]$$

$$= \sum_{K=1}^{N_T} \max_{i=1,2,\cdots,K} \sum_{j=1}^{M} c_j \log\Big[\sum_{i=1}^{K} \theta_{ij}\Big]$$

$$= \sum_{K=1}^{N_T} \max_{i=1,2,\cdots,K} \sum_{j=1}^{M} c_j \log\theta_{ij} \tag{7.3.14}$$

根据最大似然函数的量化表述,可将 $\hat{l}(\theta\,|\,r)$ 定义为系统的模式适配度,公式为

$$V(T,\theta) = \hat{l}(\theta\,|\,r) = \sum_{K=1}^{N_T} \max_{i=1,2,\cdots,K} \sum_{j=1}^{M} c_j \log\Big[\sum_{i=1}^{K} \theta_{ij}\Big] \tag{7.3.15}$$

在确定了系统的模式适配度 $V(T,\theta)$ 的情况下,就可以根据式(7.3.6)获取系统的运行模式数 K。

7.3.4　残差的聚类

通过设计自适应学习算法可以获取系统的运行模式数 K,也就是得到了系统正常运行时的残差类别数,这样就可以设计聚类方法对残差数据进行分类了。

对于残差集合 R_k,$R_k \subset T(k=1,2,\cdots,N_T)$,根据合理假设,其均来自系统的同一种运行模式,它们的概率密度函数集合为

$$\psi = \{p_{\theta_1}, p_{\theta_2}, \cdots, p_{\theta_{N_T}}\} \tag{7.3.16}$$

根据 7.3.3 节的分析,通过使用自学习算法,将残差样本分为了 K 类,确定了系统有 K 种运行模式。这样,若对残差集合 $T = \{R_1, R_2 \cdots, R_{N_T}\}$ 进行聚类的话,其结果也应该为 K 类,假定聚类后所得的样本集合为 $P_1, P_2, \cdots, P_K$。

已知残差样本集合并获取了残差数据的分类数 K 的情况下,一种有效的方法是采用 K 均值聚类方法对残差数据进行分类。其具体算法如下。

算法 7.1　残差样本数据聚类算法。

输入　概率密度函数数据集 $\psi = \{p_{\theta_1}, p_{\theta_2}, \cdots, p_{\theta_{N_T}}\}$,聚类数目为 K。

输出　K 个类簇 $C_j(j=1,2,\cdots,K)$。

步骤 1　令 $i=1$,将集合 ψ 中的残差概率密度函数值,相同间隔选取 K 个数据点作为 K 个类簇的初始簇中心 $p_{\theta_j^*}(j=1,2,\cdots,K)$。

步骤 2　利用 KL 散度计算各个数据点与这 K 个簇中心的距离 $\mathrm{KLD}(p_{\theta_k}, p_{\theta_j^*})$,若

$$D^*(i) = \min_{P} \sum_{i=1}^{K} \sum_{\theta_k \in P_i} \mathrm{KLD}(p_{\theta_k}, p_{\theta_j^*}) \tag{7.3.17}$$

则 $p_{\theta_k} \in C_j$。

步骤 3　重新计算 k 个新的聚类中心

$$p_{\theta_j^*} = \frac{1}{|P_j|} \sum_{p_{\theta_k} \in P_j} p_{\theta_k}, \quad j=1,2,\cdots,K \tag{7.3.18}$$

步骤 4　如果 $|D^*(i+1)-D^*(i)|<\varepsilon$（$\varepsilon$ 为判断条件选取的充分小量），停止；否则，$i=i+1$，返回步骤 2。

可见，在借助模式适配度获取系统运行模式数 K 的基础上，可运用 K 均值聚类方法，对残差数据进行分类，这样既解决了多模式运行系统中运行模式数未知的问题，也解决了残差数据所属运行模式未知的问题，进而运用式(7.3.5)提出的故障检测方法，就可以对多模式运行系统进行故障的有效检测。

7.4　基于故障误报率和漏报率的阈值优化

在系统故障检测的过程中，由于残差数据会随着系统不确定性和故障影响在一定范围内波动，进而会导致系统产生故障的漏报和误报，而故障漏报率和误报率是判断故障检测准确性的重要评价指标，也是判断故障检测阈值设计是否合理的关键因素，因而，需要首先对其进行分析。

7.4.1　误报率与漏报率计算

通过假设检验的方式来对故障漏报率和误报率进行分析，系统故障漏报率和误报率可通过如下方式得到

$$P_{\text{FA}}=P(\min_{i=1,2,\cdots,K}\text{KLD}(p(\theta_m),p(\theta_i^{\text{NF}}))>J\mid H_0) \tag{7.4.1}$$

$$P_{\text{MA}}=P(\min_{i=1,2,\cdots,K}\text{KLD}(p(\theta_m),p(\theta_i^{\text{NF}}))\leqslant J\mid H_1) \tag{7.4.2}$$

其中，H_0 为原假设，代表系统正常运行；H_1 为备择假设，代表系统发生故障。

为了计算式(7.4.1)和式(7.4.2)，关键是要求得 $\min\limits_{i=1,2,\cdots,K}\text{KLD}(p(\theta_m),p(\theta_i^{\text{NF}}))$ 的统计特性，也就是需要知道 $\min\limits_{i=1,2,\cdots,K}\text{KLD}(p(\theta_m),p(\theta_i^{\text{NF}}))$ 的概率密度函数。为了方便计算，若将 $\min\limits_{i=1,2,\cdots,K}\text{KLD}(p(\theta_m),p(\theta_i^{\text{NF}}))$ 假定为服从正态分布，则故障漏报率和误报率的求解将迎刃而解。但若是这样，就需要验证这种假设的可行性，可以对 $\min\limits_{i=1,2,\cdots,K}\text{KLD}(p(\theta_m),p(\theta_i^{\text{NF}}))$ 通过数据进行 Lilliefors 检验，所得的 3 组典型数据显著性水平均小于 0.05，证明了这种假设是可行的。

既然 $\min\limits_{i=1,2,\cdots,K}\text{KLD}(p(\theta_m),p(\theta_i^{\text{NF}}))$ 服从正态分布，设其均值为 KLm，将蒙特卡洛方法的估计误差 σ_{MC}^2 作为正态分布的方差，也就是 $\min\limits_{i=1,2,\cdots,K}\text{KLD}(p(\theta_m),p(\theta_i^{\text{NF}}))\sim N(\text{KLm},\sigma_{\text{MC}}^2)$。就得到 $\min\limits_{i=1,2,\cdots,K}\text{KLD}(p(\theta_m),p(\theta_i^{\text{NF}}))$ 的概率密度函数为

$$f_j(x)=\frac{1}{\sigma_{\text{MC}}\sqrt{2\pi}}e^{-(x-\text{KLm})^2/2\sigma_{\text{MC}}^2},\quad j=0,1 \tag{7.4.3}$$

根据 2.5.2 节中的漏报率和误报率计算方法,其计算结果如下

$$P_{FA} = 1 - 0.5 \times \left(1 + \mathrm{erf}\left(\frac{h - KLm_0}{\sigma_{MC0}\sqrt{2}}\right)\right) \qquad (7.4.4)$$

$$P_{MA} = 0.5 \times \left(1 + \mathrm{erf}\left(\frac{h - KLm_1}{\sigma_{MC1}\sqrt{2}}\right)\right) \qquad (7.4.5)$$

7.4.2 阈值的优化选取

从式(7.4.4)和式(7.4.5)不难看出,求解系统故障漏报率和误报率与故障检测阈值 δ_{th} 的选取密切相关。阈值 δ_{th} 选择较大,则故障误报率减小,而故障漏报率增大;反之,若阈值 δ_{th} 选择较小,则故障漏报率较小,而故障误报率增大,可见,故障检测阈值的选取是系统能够准确检测故障的关键所在。

依据 $\min\limits_{i=1,2,\cdots,K} KLD(p(\theta_m), p(\theta_i^{NF}))$ 的统计规律,由于其服从正态分布,考虑统计过程中均值和方差的作用,可设计故障检测阈值为 $\delta_{th} = KLm_0 + \alpha \times \sigma_{MC0}$,其中 α 为阈值因子。可以看出,阈值调节的重要参数就是阈值因子 α,其大小直接影响着故障是否被漏报或误报,有必要对其进行优化选取。因此,设计阈值因子的优化算法,定义函数 $COST = P_{FA} + P_{MA}$,并运用 2.5.3 节的梯度下降算法对 α 进行优化选取。

7.5 仿真研究与结果分析

7.5.1 仿真对象描述

以 4.7.2 节中 120kW 的某军用车辆电源为仿真对象。军用车辆电源由于在野外作战时负载特性的复杂性,其带载对象的不同,会导致励磁电压发生变化,从而使得发电机输出电压出现偏差。根据车辆电源的出厂标准,要求额定电压的允许偏差为 $-10\% \sim +7\%$,即使是满足车辆电源的标准要求,不同的负载也会使得电压误差出现不同特性。图 7.1 所示为发电机在不同带载情况下正常运行的输出电压残差数据曲线,其所带的负载分别为线性负载、线性与非线性混合负载及非线性负载,可以看出,在车辆电源加载不同负载时,额定电压残差曲线表现出非平稳特性。

作为军队野外作战、生活的重要能量来源,车辆电源的安全可靠运行非常关键,然而,由于野外作战环境恶劣,系统所带的负载机制复杂且种类繁多,因此,对车辆电源实施故障的有效诊断意义重大。在 4.7.2 节中已就车辆电源系统可能发生的典型故障进行了可诊断性评价,然而,能否对图 7.1 中系统存在的非平稳特性进行准确的故障检测,故障诊断算法的设计依然是关键所在。

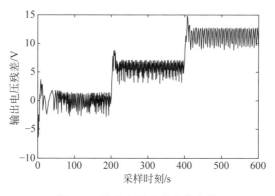

图 7.1　输出电压残差数据曲线

7.5.2　残差特性分析

借助于与电源生产厂家合作开发的车辆电源仿真系统,可以获取系统正常运行时的大量离线数据及电源车辆的实时运行数据,这为本章方法的应用奠定了基础。对于图 7.1 所示的非平稳过程,对其进行故障检测关键要解决两个问题,即系统运行模式数的确定以及残差数据的聚类。

为了确定系统的运行模式数,运用 7.3.3 节提出的自学习方法,通过模式适配度的优化学习来优化选取系统的运行模式,其优化过程如图 7.2 所示。从图中可以看出,当 $K=3$ 时 $V(T,\theta)$ 趋于平稳,因此,可确定系统的运行模式数为 3 种。从图 7.1 的电压残差曲线中也不难看出,残差特性呈现明显的 3 段特征,进一步揭示了文中设计的基于模式适配度的方法进行运行模式确定是可行的。虽然本例中的运行模式数具有明显的 3 段特征,求取比较简单,但这并不能说明文中提出的运行模式数训练方法适用性差,本章方法经过验证对于复杂的非平稳过程依然具备很强的自学习能力。

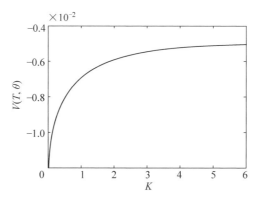

图 7.2　根据模式适配度训练 K 值

在获取了系统的运行模式数之后,就可以对残差数据进行聚类,针对图 7.1 中的非平稳残差数据,借助于 7.3.4 节中的 K 均值聚类算法对非平稳残差数据进行优化聚类,所得结果如图 7.3 所示。

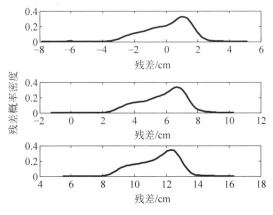

图 7.3　残差概率密度曲线

图 7.3 为对残差数据进行聚类后的残差概率密度函数曲线,通过 K 均值聚类算法的选取,对系统 3 种运行模式下的残差数据进行了有效的聚类分析,将残差数据隶属到了不同的运行模式之下。从图中还可看出,虽然已经完成了残差数据的聚类分析,但是残差概率密度函数曲线具有明显的外观相似性,在运用 KL 散度算法进行分类时会出现计算值偏小的情况,因此,可运用式(7.3.4)所设计的改进的 KL 散度算法,改善分类效果,提升分类效率,为进一步实现非平稳运行系统的故障检测提供保障。

7.5.3　故障检测

车辆电源使用过程中性能不可避免地会发生退化,在对其历史运行数据的分析中,发现常见的一种故障是由于励磁模块长时间在恶劣环境中使用,致使电子器件老化,使得系统运行过程中励磁电压出现偏差,从而导致系统的输出电压偏离额定电压,造成异常甚至故障的发生。基于此,本节假定励磁模块由于长期使用,其发生的故障为乘性故障 $\delta \in [1.1, 1.5]$,也就是 $U_f = \delta \cdot U_f$。在这种假定条件下,通过车辆电源仿真系统,可得其在线运行的电压残差数据如图 7.4 所示。

具备故障可诊断性是对系统进行故障诊断的基础,4.7.2 节中已经对车辆电源系统励磁电压异常进行了故障可检测性的量化评价,其评价结果为 0.7233,超过诊断阈值,说明该故障状况是可以通过设计适当的故障检测算法进行诊断的,也为之后的励磁电压故障检测奠定了基础。

借助于 7.4.2 节中提出的阈值优化算法,令最大步数 $n_{\max} = 100$,步长 $\phi = 0.1$,Tol$=0.1$,可得优化后的阈值因子 $\alpha = 2.5$,进而可获取故障检测所需的阈值

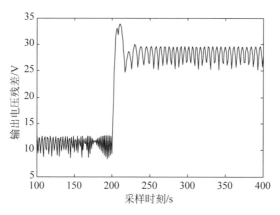

图 7.4　在线残差数据曲线

为 2.8。这里选取在线运行数据的数据长度为 20,运用 7.3.2 节提出的故障检测算法,可得检测结果如图 7.5 所示。

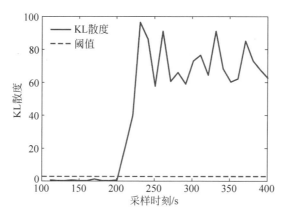

图 7.5　励磁系统故障检测

观察图 7.5 中的故障检测曲线,在故障发生的采样时刻 200 处,KL 散度值明显超过阈值,说明了该处有故障发生,实现了对故障的识别。

通过获取车辆电源运行的在线数据,并与离线的残差数据进行对比,运用文中设计的故障检测方法,就可以对励磁电压故障进行有效的检测。

7.6　本章小结

虽然故障可诊断性是对系统进行故障诊断的基础,但是即便是系统具备了故障可诊断性,其诊断算法的设计依然关键。本章针对系统运行过程中可能存在的多模式、多工况情况,设计了一种基于数据驱动的故障检测方法,为解决非平稳过程中故障情形的有效检测提供了一种新的方案。首先,通过分析系统运行过程中积累的历史数据,通过模式匹配度函数的设计提出了一种系统运行模式的自学习方法,可以通过自学习获取系统的运行模式数;其次,在基于运行模式已知的前提下,借助于 K 均值聚类算法,对系统运行的残差数据进行了聚类,将其归分于特定的系统运行模式之下;再次,运用 KL 散度算法设计了一种基于距离相似度的故障检测方法,实现了多模式系统的故障检测,并通过自适应阈值的设计,降低了系统故障的漏报率和误报率,提升了检测的准确性;最后,通过引入车辆电源系统作为仿真案例,在励磁系统由于长期使用导致故障的情况下,进行了多模式系统的故障检测验证,也进一步说明了文中方法的可行性与有效性。

第8章

基于高斯混合分布的微小故障诊断和幅值估计方法

8.1 引言

随着现代控制系统的设备复杂化和规模大型化,有关系统的异常检测和故障诊断一直是学术界关注的重点问题。系统一旦发生故障,若不能及时发现并处理,则可能导致巨大的经济损失和人员伤亡。随着研究的深入,人们发现故障的早期诊断和微小故障的可靠性评估是降低事故发生率的重要途径之一。

故障的初始定义指在系统运行过程中,观测变量或计算参数对可接受范围的偏离[1]。考虑到故障的演变过程,可分为显著性故障和微小故障。微小故障通常具有幅值小、故障特征不明显、容易被未知扰动或噪声掩盖等特点[2]。尤其是当控制系统闭环运行时,由于闭环负反馈的修正作用,微小故障极易被淹没在正常运行的数据之中,在系统长期运行的过程中,会发展为显著性故障,进而可能诱发事故[3]。针对复杂系统微小故障的诊断,现有的方法包括常规的分析方法[4-5]、基于统计的方法[6-7]和智能方法[8-9]等。例如参考文献[10-11]借助于主成分分析(principal component analysis,PCA)方法提取了系统运行数据的主要影响因素,并运用 KL 散度算法进行了微小故障的诊断。参考文献[12]中借助于 KL 散度算法在进行故障检测的基础上,还对故障幅值进行了估计。当系统能够正确建模或是残差数据服从高斯分布时,上述方法能够有效地实现微小故障诊断,然而随着现代工业系统的复杂化和多工况特性日益明显,亟须探索更加适用于工程实际的故障诊断方法。

近年来,KL散度以其在数据特征提取中的高灵敏度逐渐受到关注,并以故障指示器的作用逐渐应用到了微小故障诊断之中。其优势在于:首先,可不依赖于系统模型,通过系统运行数据对故障进行诊断;其次,在故障的诊断过程中所需的概率密度函数是可以被估计的。然而,在上述故障的诊断过程中,都作出了残差数据服从高斯分布的假设。在实际应用过程中发现,残差数据并不能统一在一种高斯分布模型之下。参考文献[13-14]运用高斯混合模型进行了数据分布特性的建模,发现在模式数逐渐增加的情况下,高斯混合模型能以任意精度逼近任意的连续分布。这对于非高斯特性的残差数据在运用KL散度进行故障诊断提供了强有力的理论支撑。

在对系统的微小故障进行诊断的基础上,若能够对故障的幅值进行估计,无疑可以为系统下一步实现容错提供保障。在故障可以被检测、分离的基础上,如果获取了故障幅值数据,就可以设计算法对微小故障进行补偿,以此就可进一步保证系统的安全运行。容错控制的性能体现在能否对系统的故障幅值进行精确的估计,因此,就需要在系统受到噪声和干扰影响的情况下,进行微小故障幅值的有效估计[15-17]。参考文献[18]中通过引入移动窗口(moving window)进行了PCA方法的改进,实现了传感器微小加性故障的幅值估计。参考文献[19]中对服从伽马(Gamma)分布的残差数据基于PCA和KL散度进行了微小故障幅值估计,并讨论了噪声对幅值的影响。但这些方法的使用都局限在了线性模型或者残差数据的分布已知。对残差分布特性未知的非线性复杂系统下微小故障幅值的估计,依然面临着挑战。

因此,本章应用数据驱动方法,在对残差数据进行混合高斯分布建模的基础上,利用KL散度进行了微小故障的检测和分离。并进一步通过推证估计出了微小故障的幅值。主要贡献在于:将高斯混合分布模型与KL散度进行融合,以此作为理论基础进行故障诊断和幅值估计,弥补了以往算法中需要假定残差数据服从高斯分布的不足。

8.2 理论基础

8.2.1 故障建模

考虑系统中的观测变量组成的矩阵为 $\boldsymbol{X}_{[N \times m]}$,矩阵 $\boldsymbol{X}_{[N \times m]}$ 由 m 个观测向量组成,满足 $\boldsymbol{X} = (\boldsymbol{X}_1, \cdots, \boldsymbol{X}_j, \cdots, \boldsymbol{X}_m) = (x_{ij})_{ij}$,其中 $\boldsymbol{X}_j = (x_{1j}, x_{2j}, \cdots, x_{Nj})^{\mathrm{T}}$ 为 N 个观测变量组成的第 j 个列向量。

当系统发生微小故障时,假定其会对系统的观测量 $\boldsymbol{X}_j$ 造成影响,根据微小故障的特征可知,故障幅值通常都较小,作用时间一般较短。因此,可以用幅值的乘

数因子 a 来表示故障大小,在原观测变量上增加幅值为 a 的微小故障。因此在故障 F_j 影响下测量向量 $\boldsymbol{X}_j$ 可以改写为

$$\boldsymbol{X}_j = \boldsymbol{X}_j^* + \boldsymbol{F}_j + V \tag{8.2.1}$$

其中,$\boldsymbol{X}_j^*$ 为系统未发生故障时的观测向量;$\boldsymbol{F}_j$ 为故障模型,$\boldsymbol{F}_j = a \times \boldsymbol{X}_j^*$,$a$ 为微小故障的幅值;V 表示测量噪声,假定服从均值为 0 的正态分布,即 $V \sim N(0, \sigma_v^2)$。

在参考文献[12]中,假定了归一化后的观测向量 $\boldsymbol{X}_j$ 服从正态分布,此时,由于微小故障 $\boldsymbol{F}_j$ 的幅值 a 很小,因此可以认为故障 $\boldsymbol{F}_j$ 的作用下并不会改变 $\boldsymbol{X}_j$ 的均值,由此可得 $\boldsymbol{X}_j$ 在故障前后均值均为 0 的正态分布。然而,在实际应用过程中有个不容忽视的问题:由于系统非线性等因素的存在,虽然故障幅值较小,但有可能会导致观测变量的均值发生比较明显的变化,难以将 $\boldsymbol{X}_j$ 和 $\boldsymbol{X}_j^*$ 的均值都假定为 0。鉴于这种情况,考虑引入高斯混合模型。

高斯混合模型(Gaussian mixed model,GMM)是单一高斯概率密度函数的线性组合,常用于描述混合密度分布,且不局限于特定的概率密度函数的形式。此外,GMM 还是一种半参数的密度估计模型,它融合了参数估计法和非参数估计法的优点,其模型的复杂度与样本大小无关。GMM 的一个重要特性是,如果模型中的成员足够多,它能够以任意精度逼近任意的连续分布[14]。因此,可以通过 GMM 来拟合测量数据 $\boldsymbol{X}_j$ 的概率密度函数。

8.2.2　GMM 的概率密度函数估计

GMM 用于描述采样数据不能用单一概率密度函数表示的数据模型,若测量数据 $\boldsymbol{X}_j$ 中的值存在 M 种状态,每一种状态的数据点都服从正态分布,那么第 $k(0 < k \leqslant M)$ 种状态的数据点分布可以表示为

$$p_k(x_t \mid k, \boldsymbol{\phi}_k) = \frac{1}{(2\pi)^{n/2} \mid \Sigma_k \mid^{1/2}} \mathrm{e}^{-1/2(x_t - \mu_k)^{\mathrm{T}} \sum_k^{-1} (x_t - \mu_k)} \tag{8.2.2}$$

其中,$\boldsymbol{\phi}_k = \{\mu_k, \Sigma_k\}$ 表示在第 k 种状态下的期望和方差矩阵;x_t 为测量数据 $\boldsymbol{X}_j$ 中为第 k 种状态的采样点。对于 $\boldsymbol{X}_j$ 种全部的 M 种状态而言,概率密度函数可以表示为

$$p(\boldsymbol{X}_j \mid \Phi) = \sum_{k=1}^{M} \pi_k p_k(x_t \mid k, \boldsymbol{\phi}_k) \tag{8.2.3}$$

其中,π_k 为高斯混合模型中第 k 种状态的权值,代表第 k 种高斯分布的先验概率,满足 $\sum_{k=1}^{M} \pi_k = 1$;Φ 为 GMM 中所有需估计的参数集合,$\Phi = \{\pi_1, \pi_2, \cdots, \pi_M; \boldsymbol{\phi}_1, \boldsymbol{\phi}_2, \cdots, \boldsymbol{\phi}_M\}$,所有的参数都需要通过测量数据 $\boldsymbol{X}_j$ 进行估计。

GMM 方法中的参数估计通常都采用最大期望算法(expectation-maximization algorithm,EM)。EM 经过两个步骤交替进行计算;第一步是计算期望(E),利用对

隐藏变量的现有估计值,计算其最大似然估计值;第二步是最大化(M),最大化在 E 步上求得的最大似然值来计算参数的值。M 步上找到的参数估计值被用于下一个 E 步计算中,这个过程不断交替进行[20]。在 GMM 中 EM 可表示如下。

E 步为

$$p(i \mid x_l, \boldsymbol{\phi}^h) = \frac{\pi_i p(i \mid x_l, \boldsymbol{\phi}^h)}{\sum_{j=1}^{M} \pi_j p_j(i \mid x_l, \boldsymbol{\phi}^h)} \quad (8.2.4)$$

M 步为

$$\pi_i = \frac{1}{N} \sum_{l=1}^{N} p(i \mid x_l, \boldsymbol{\phi}^h) \quad (8.2.5)$$

$$\mu_i = \frac{\sum_{l=1}^{N} x_l p(i \mid x_l, \boldsymbol{\phi}^h)}{\sum_{l=1}^{N} p(i \mid x_l, \boldsymbol{\phi}^h)} \quad (8.2.6)$$

$$\Sigma_i = \frac{\sum_{l=1}^{N} p(i \mid x_l, \boldsymbol{\phi}^h)(x_l - \mu_i)(x_l - \mu_i)^{\mathrm{T}}}{\sum_{l=1}^{N} p(i \mid x_l, \boldsymbol{\phi}^h)} \quad (8.2.7)$$

其中,$i = 1, 2, \cdots, M$ 表示测量数据的状态数;$p(i \mid x_l, \boldsymbol{\phi}^h)$ 为 x_l 属于第 i 个分布的隶属概率;$\boldsymbol{\phi}^h$ 为更新前的参数值;π_i、μ_i 和 Σ_i 为更新后的参数值。

8.2.3 基于 GMM 的 KL 散度定义

为了对故障发生前后的测量数据进行对比,以确定系统是否发生故障,进而估计故障幅值,就需要对数据进行相似性测量。KL 散度,又称相对熵,能够对不同概率密度函数的数据进行差异性分析,并且对小偏差具有较高的敏感度,因此在微小故障诊断过程中更具优势。对于随机变量 x 的两个不同概率分布函数 $h(x)$ 和 $g(x)$,KL 散度定义为[21-22]

$$I(h \parallel g) = \int h(x) \log \frac{h(x)}{g(x)} \mathrm{d}x \quad (8.2.8)$$

由于 KL 散度的不对称性,一般可定义为

$$\mathrm{KL}(h, g) = I(h \parallel g) + I(g \parallel h) \quad (8.2.9)$$

若 $h(x)$ 和 $g(x)$ 均服从正态分布,满足 $h \sim N(\mu_1, \sigma_1^2)$ 和 $g \sim N(\mu_2, \sigma_2^2)$,其中:$\mu_1, \mu_2$ 为 h 和 g 的均值;σ_1^2, σ_2^2 为 h 和 g 的方差。按照参考文献[12]中的简化方法,式(8.2.9)可以改写为

$$\mathrm{KL}(h, g) = \frac{1}{2} \left[\left(\frac{1}{\sigma_1^2} + \frac{1}{\sigma_2^2} \right)(\mu_1 - \mu_2)^2 + \frac{\sigma_2^2}{\sigma_1^2} + \frac{\sigma_1^2}{\sigma_2^2} - 2 \right] \quad (8.2.10)$$

对于 GMM 而言,测量数据的分布不能用单一的概率密度函数表示,而是多个高斯分布组成的混合分布模型。对于两个 GMM $h(x)$ 和 $g(x)$ 而言,可得

$$h \sim \sum_{i=1}^{n} \alpha_i h_i$$

$$g \sim \sum_{j=1}^{m} \beta_j g_j \tag{8.2.11}$$

其中,$h_i \sim N(\mu_i, \sigma_i^2)$,$g_j \sim N(\mu_j, \sigma_j^2)$ 为混合高斯模型 h 和 g 中的子模型,均服从高斯分布;$\alpha_i > 0, \beta_j > 0$ 为高斯子模型在混合高斯分布中所占的权值,且满足 $\sum_{i=1}^{n} \alpha_i = 1, \sum_{j=1}^{m} \beta_j = 1$。

对于 h 和 g 这样的 GMM,为了进行差异性分析,参考文献[14]中进行了研究,并给出了不同的描述方法,这里将 h 和 g 的 KL 散度用下式表示

$$D(h,g) = \sum_{i,j} \alpha_i \beta_j \mathrm{KL}(h_i, g_j) \tag{8.2.12}$$

8.3　基于 KL 散度的微小故障诊断

8.3.1　故障检测和故障分离

考虑系统中可能发生的两种故障 f_i 和 f_j,假定它们对应的残差概率密度函数为 $p_i \in Y_{f_i}$ 和 $p_j \in Y_{f_j}$,其中 Y_{f_i} 和 Y_{f_j} 为两种故障作用下残差概率密度函数的集合。不难发现,p_i 和 p_j 的差异性越大,意味着这两种故障越容易被分离。

因此,可以用两种概率密度函数之间的 KL 散度的最小值来评价系统中故障是否可以被检测和被分离

$$\mathrm{FD}(f_i) = \min[D(p_i, p_{\mathrm{NF}})] \geqslant \delta_d$$

$$\mathrm{FI}(f_i, f_j) = \min[D(p_i, p_j)] \geqslant \delta_i \tag{8.3.1}$$

其中,p_{NF} 为系统正常运行时残差的概率密度函数,它等同于系统所受到的测量噪声的概率密度函数。由于 $D(p_i, p_{\mathrm{NF}}) > 0$,$\mathrm{FD}(f_i) \in (0, \infty)$,$\mathrm{FD}(f_i)$ 越大,故障 f_i 被检测的难度也越小。同理,由于 $\mathrm{FI}(f_i, f_j) \in (0, \infty)$,$\mathrm{FI}(f_i, f_j)$ 越大,故障 f_i 和 f_j 越容易被分离。δ_d 和 δ_i 分别为故障检测和故障分离的阈值。

8.3.2　阈值设计

在对系统进行故障检测和分离过程中,由于残差数据会随着系统测量噪声和故障的影响而在一定范围内波动,进而导致故障的漏报和误报。因此,故障漏报率和误报率是判断故障诊断准确性的重要依据,也是评价故障检测阈值设计是否合理的关键因素。

对故障检测漏报率和误报率的分析可通过如下的假设检验来实现

$$P_{FA} = P(D(p_i, p_{NF}) \geqslant \delta_d \mid H_0)$$
$$P_{MA} = P(D(p_i, p_{NF}) < \delta_d \mid H_1) \tag{8.3.2}$$

其中，H_0 为原假设，代表系统正常运行($a=0$)；H_1 为备择假设，代表系统发生故障 $f_i(a \neq 0)$；P_{FA} 和 P_{MA} 分别代表故障漏报和误报的概率。

由于残差数据服从 GMM，在具体的测量噪声和故障影响下，残差数据分布的特征值可设定为均值 μ^k 和方差 σ^k，其中 $k=1,2,\cdots,M$ 为 GMM 中高斯分布的个数，由此可得

$$P_{FA} = P(D(p_i, p_{NF}) \geqslant \delta_d \mid \mu_0^k, \sigma_0^k)$$
$$P_{MA} = P(D(p_i, p_{NF}) < \delta_d \mid \mu_1^k, \sigma_1^k) \tag{8.3.3}$$

故障检测阈值 δ_d 主要依赖于无故障条件下的残差特征值 μ_0^k 和 σ_0^k，因此它主要依赖于噪声的特征值。

对于给定的 P_{FA}，故障误报率评价的是 KL 散度检测微小故障时的敏感性，因此可以定义一种噪声比例的方式 NNR(noise-to-noise ratio)来表达这种敏感性

$$NNR = \min_k \left(10\log \frac{\sigma_{0,max}^k}{\sigma_{0,min}^k}\right) \tag{8.3.4}$$

可以假定噪声的均值为 0，由此可通过上式来定义故障检测的阈值，即

$$\delta_d = D[N(0, \sigma_{max}^k), N(0, \sigma_{min}^k)] \tag{8.3.5}$$

其中，σ_{max}^k 和 σ_{min}^k 分别为噪声方差在第 k 个高斯分布下的最大值和最小值。故障分离的阈值 δ_i 也可以通过同样的方法来获取。

8.4　基于 KL 散度的故障幅值估计

对于观测数据 X_j，由于难以确定其概率密度函数，可以借助于 GMM 进行数据建模，可得其概率密度函数为 $h_j \sim \sum_{k=1}^M \alpha_{kj} h_{kj}$，其中：$M$ 为 $\boldsymbol{X}_j$ 的模态数；α_{kj} 为第 k 个模态的权值。$h_{kj} \sim N(\mu_{kj}, \lambda_{kj} + \sigma_v^2)$ 为 k 个模态服从的正态分布，其密度函数的均值为 μ_{kj}，方差为 λ_{kj}，σ_v^2 为测量噪声方差。当系统未发生故障时，测量数据参考信号的概率密度函数可设为 $h_j^* \sim \sum_{k=1}^N \beta_{kj} h_{kj}^*$，其中 N 为 $\boldsymbol{X}_j$ 的模态数，β_{kj} 为第 k 个模态的权值。$h_{kj}^* \sim N(\mu_{kj}^*, \lambda_{kj}^* + \sigma_v^2)$ 为 k 个模态服从的正态分布，μ_{kj}^* 为均值，λ_{kj}^* 为方差，σ_v^2 为测量噪声方差。考虑到微小故障的幅值较小，对 GMM 的概率密度函数整体影响有限，因此假设 $M=N$、$\alpha_{kj}=\beta_{kj}$。在故障影响下，h_j^* 与 h_j 的特征值满足

$$\mu_{kj} = \mu_{kj}^* + \Delta\mu_{kj}$$

$$\lambda_{kj} = \lambda_{kj}^{*} + \Delta\lambda_{kj} \tag{8.4.1}$$

其中，$\Delta\lambda_{kj}$ 为由于故障发生引起的方差变化；$\Delta\mu_{kj}$ 为由于故障发生引起的均值变化。此时，未发生故障时观测数据 $\boldsymbol{X}_j$ 的概率密度函数 h_j^{*} 与发生微小故障时的概率密度函数 h_j 之间的 KL 散度为

$$D(h_j, h_j^{*}) = \frac{1}{2} \sum_{k=1}^{M} \alpha_{kj}^2 \left[\frac{\Delta\lambda_{kj}^2 + \Delta\lambda_{kj} + \Delta\mu_{kj}^2}{(\lambda_{kj}^{*} + \sigma_v^2)(\lambda_{kj}^{*} + \sigma_v^2 + \Delta\lambda_{kj})} \right] \tag{8.4.2}$$

式(8.4.2)中用了测量数据概率密度函数的特征值 μ_{kj} 和 λ_{kj} 来描述故障，在前面的故障建模中已经知道故障幅值为 a，由于微小故障的幅值 a 足够小，因此可以将 μ_{kj} 和 λ_{kj} 视为关于故障幅值 a 的函数。由于 $a \approx 0$，在 a 的邻域对 μ_{kj} 和 λ_{kj} 进行展开，可得

$$\mu_{kj} = \mu_{kj}^{*} + \frac{\partial\mu_{kj}}{\partial a}a + \frac{1}{2!}\frac{\partial^2\mu_{kj}}{\partial a^2}a^2 + \frac{1}{3!}\frac{\partial^3\mu_{kj}}{\partial a^3}a^3 + \cdots \tag{8.4.3}$$

$$\lambda_{kj} = \lambda_{kj}^{*} + \frac{\partial\lambda_{kj}}{\partial a}a + \frac{1}{2!}\frac{\partial^2\lambda_{kj}}{\partial a^2}a^2 + \frac{1}{3!}\frac{\partial^3\lambda_{kj}}{\partial a^3}a^3 + \cdots \tag{8.4.4}$$

为了获取故障幅值 a 和 KL 散度之间的关系，需要求取 μ_{kj} 关于 a 的 n 阶偏导数，可得

$$\frac{\partial^n\mu_{kj}}{\partial a^n} = \frac{1}{N}\frac{\partial^n}{\partial a^n}\sum_{j=1}^{N} x_{kj} \tag{8.4.5}$$

$$\frac{\partial^n\lambda_{kj}}{\partial a^n} = \frac{1}{N}\frac{\partial^n}{\partial a^n}\sum_{j=1}^{N} (x_{kj} - Ex_{kj})^{\mathrm{T}}(x_{kj} - Ex_{kj}) \tag{8.4.6}$$

根据对微小故障的定义可知 $x_{kj} = x_{kj}^{*} + a \times x_{kj}^{*}$，由此可得

$$\frac{\partial\mu_{kj}}{\partial a} = \frac{1}{N} \times \sum_{j=1}^{N} x_{kj}^{*} \tag{8.4.7}$$

由于 μ_{kj} 对故障幅值 a 的二阶以上偏导数均为 0，因此可将式(8.4.7)代入式(8.4.5)，可得

$$\Delta\mu_{kj} = \frac{a}{N} \times \sum_{j=1}^{N} x_{kj}^{*} \tag{8.4.8}$$

同理，对于方差 λ_{kj} 而言

$$\frac{\partial\lambda_{kj}}{\partial a} = \frac{1}{N} \times 2(1+a)\sum_{j=1}^{N} x_{kj}^{*} \tag{8.4.9}$$

$$\frac{\partial^2\lambda_{kj}}{\partial a^2} = \frac{2}{N} \times \sum_{j=1}^{N} x_{kj}^{*} \tag{8.4.10}$$

由于 λ_{kj} 对故障幅值 a 的三阶以上偏导数均为 0，因此将式(8.4.9)、式(8.4.10)代入式(8.4.6)，可得

$$\Delta\lambda_{kj} = \frac{1}{N} \times (a^2 + 2a + 2)\sum_{j=1}^{N} x_{kj}^{*} \tag{8.4.11}$$

将式(8.4.8)与式(8.4.11)代入式(8.4.2)即可获取故障幅值与 KL 散度之间的数学表达式为

$$D(h_j, h_j^*) = \frac{K}{2} \sum_{k=1}^{M} \alpha_{kj}^2 \left(\frac{1}{N} (a^2 + 2a + 2) \sum_{j=1}^{N} x_{kj} \right)^2 +$$

$$\frac{1}{N} (a^2 + 2a + 2) \sum_{j=1}^{N} x_{kj} + \frac{a}{N} \sum_{j=1}^{N} x_{kj} /$$

$$(\lambda_{kj}^* + \sigma_v^2)\left(\lambda_{kj}^* + \sigma_v^2 + \frac{1}{N} (a^2 + 2a + 2) \sum_{j=1}^{N} x_{kj} \right) \quad (8.4.12)$$

定义函数 $\varphi(a) = D(h_j, h_j^*)$，则可得故障幅值的估计值为

$$\hat{a} = \varphi^{-1}(a) \quad (8.4.13)$$

只要获取了故障前和故障后数据的概率密度函数，即可得到两者之间的 KL 散度，进而就可以通过式(8.4.13)来估计微小故障幅值了。在式(8.4.13)中，引入了放大因子 K，它的主要作用在于通过适度的放大，使得式(8.4.13)具有可行解。

8.5　仿真分析

8.5.1　仿真对象描述

参照参考文献[23-24]中的系统模型，本章所采用的仿真对象为非恒温连续搅拌水箱式反应堆，如图 2.4 所示。反应器发生 3 个不可逆的基本发热反应，$A \xrightarrow{K_1} B, A \xrightarrow{K_2} U, A \xrightarrow{K_3} R$。其中 A 为反应剂，B 为期望生成物，U 和 R 为副产品。反应器 1 中添加的反应剂为 A，其流量为 L_0，浓度为 C_{A0}，温度为 T_0。反应器 2 中的添加剂为反应剂 A 和反应器 1 的生成物，其中 A 的流量为 L_3，浓度为 C_{A03}，温度为 T_{03}。由于反应器的非恒温特性，Q_{1h1} 和 Q_{2h2} 用于调节反应器的温度。

根据物料守恒和能量守恒，可得该反应堆的数学模型见式(2.6.1)。

8.5.2　微小故障下的残差数据分析

分析非恒温连续搅拌水箱式反应堆可能发生的微小故障形式，如表 8.1 所示。

表 8.1　反应堆的微小故障模式

故　障	稳　态　值	故　障　值
F_1：温度传感器偏差 $T_0/℃$	280	280.01～280.5
F_2：流量传感器偏差 $L_0/(m^3/h)$	4.998	5.0～5.05

表 8.1 所示的 2 种故障模式，幅值变化都较小，符合微小故障特征。以故障

F_1 为例,当故障大小为 $a = 0.02$ 时,残差数据如图 8.1 所示。

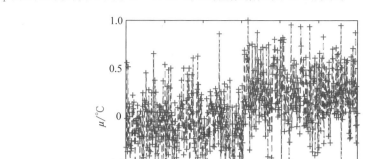

图 8.1　残差数据(见文后彩图)

从图 8.1 可以看出,虽然获取了残差数据,但是由于残差数据的波动特性加上测量噪声的存在,很难从残差数据的波动图中分析出其特征值。鉴于此,可以使用 K 均值聚类算法对残差数据进行聚类,得到初步的数据分类依据。为了明确残差数据的分布特征,可将残差数据绘制在二维坐标系下,如图 8.2 所示,可见残差数据可分为两类,即 $M = 2$。

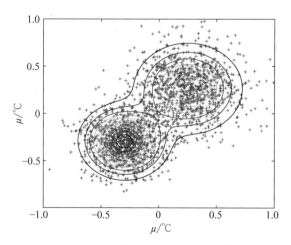

图 8.2　残差数据二维分布(见文后彩图)

因此,可借助文中 EM 对残差概率密度函数进行估计,可得残差数据由两种高斯分布混合而成,分别为 $N(-0.2963, 0.15)$ 和 $N(0.2667, 0.10)$,概率密度函数 PDF 估计如图 8.3 所示。

从图 8.3 可以明确看出,残差数据服从两类高斯分布,可以将它的模型描述为

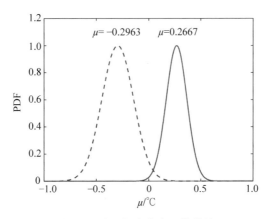

图 8.3   残差概率密度函数估计

GMM。在获取了残差数据的模型之后,就可以对反应堆系统进行故障诊断和故障幅值预测了。

8.5.3   微小故障诊断

在系统无故障的条件下,根据故障检测阈值的设计方法,首先可以借助 EM 对测量噪声的均值和方差进行估计,进而就通过式(8.3.5)来获取阈值了。当前情形下,故障检测和分离的阈值为 $\delta_d=0.1, \delta_i=0.1$。

在故障 F_1 和 F_2 的分别作用下,残差数据会表现出不同的特征,通过概率密度函数的估计,就可以使用 KL 散度(KLD)来对其进行检测,如图 8.4 所示。

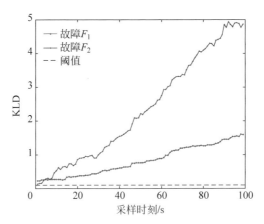

图 8.4   故障 F_1 和 F_2 的检测

从图 8.4 可以看出,故障 F_1 和 F_2 的 KL 散度随着故障增大而增大时,且均大于故障检测阈值,因此两种故障都可以被检测。故障幅值与 KL 散度的对应如图 8.5 所示。

从图 8.5 可以看出,在故障从小到大的变化过程中,残差数据的 KL 散度也在

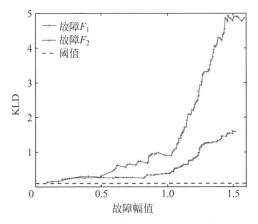

图 8.5 故障 F_1 和 F_2 下故障幅值和 KLD 的对应变化

逐渐增加,意味着故障可被检测的能力也在变强,符合故障检测的基本规律。图 8.6 所示为故障 F_1 和 F_2 的分离,可见,可分离的性能指标超过阈值,两种故障之间满足可分离性的指标要求。

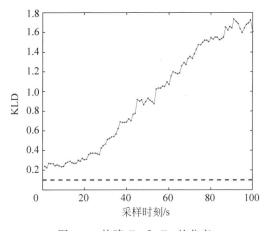

图 8.6 故障 F_1 和 F_2 的分离

由于 GMM 的使用,能够对非高斯数据进行故障可检测性和可分离性的量化评价。图 8.6 中通过对高斯数据进行基于特征的分类,再利用 KLD 算法进行可分离性评价。参考文献[11]中假定了数据满足高斯分布特性,并进行了微小故障诊断的诊断,利用这种方法获取的微小故障可分离性量化评价指标变化如图 8.7 所示。从图 8.7 可以看出,当故障幅值较小时,采用高斯特性的方法进行可分离性评价时指标较低。

8.5.4 故障幅值估计

为了估计故障幅值的大小,可以运用文中提出的算法对故障幅值进行估计。

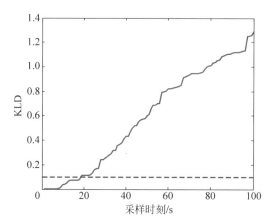

图 8.7　故障 F_1 和 F_2 的分离（数据服从高斯分布）

随着时间的变化，对故障 F_1 和 F_2 的幅值估计如图 8.8 所示。

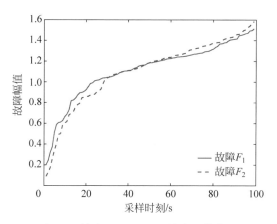

图 8.8　故障 F_1 和 F_2 下故障幅值估计

　　从图 8.8 可以看出，可以通过文中所述的算法进行故障幅值的估计。但是图 8.8 估计出的是基于残差数据的故障幅值，而不是表 8.1 中的温度传感器偏差或是流量传感器偏差。

　　图 8.8 中的故障幅值是在 T_0 和 L_0 线性增加的基础上估计得到的。很明显，图 8.8 中的故障幅值并不是线性变化的，这是因为，T_0 和 L_0 的变化值与残差数据是一种非线性的对应关系，因此虽然 T_0 和 L_0 是线性变化的，但是估计的故障幅值有明显的非线性特征。

　　也正是这一原因，导致图 8.8 中的故障幅值与表 8.1 中传感器的偏差变化值是不一致的，虽然传感器的偏差变化很小，但是不能代表残差数据的变化也很小。

8.6　本章小结

本章提出了一种基于 KL 散度的故障诊断和故障幅值估计方法。故障诊断方法通常可分为基于模型的诊断方法和基于数据驱动的诊断方法,对于难以建模的非线性系统而言,基于数据的方法更具优势。然而,目前对于残差数据的统计特性多是假定其分布特性,对于非高斯数据而言,很容易导致系统故障的漏报和误报。因此,文中借助于 GMM 对残差数据进行了建模,基于此,运用 KL 散度算法,进行了微小故障的诊断和幅值估计。该方法的提出进一步拓宽了微小故障诊断的外延,为保障系统的安全运行提供了有力支撑。

参考文献

[1]　HIMMELBLAU D M. Fault detection and diagnosis in chemical and petrochemical processes[M]. Amsterdam: Elsevier Scientific Publishing Company,1978.

[2]　REN L,XU Z Y,YAN X Q. Single-sensor incipient fault detection[J]. IEEE Sensors Journal,2011,11(9): 2102-2107.

[3]　LI X,YANG G. Adaptive fault detection and isolation approach for actuator stuck faults in closed-loop systems[J]. International Journal of Control Automation & Systems,2012, 10(4): 830-834.

[4]　LI H,GAO Y,SHI P, et al. Observer-based fault detection for nonlinear systems with sensor fault and limited communication capacity[J]. IEEE Transactions on Automatic Control,2016,61(9): 2745-2751.

[5]　HERRERA OROZCO A R,BRETAS A S, OROZCO HENAO C, et al. Incipient fault location formulation: a time-domain system model and parameter estimation approach[J]. International Journal of Electrical Power & Energy Systems,2017,90(Sep.): 112-123.

[6]　GAUTAM S,TAMBOLI P K,ROY K,et al. Sensors incipient fault detection and isolation of nuclear power plant using extended Kalman filter and Kullback-Leibler divergence[J]. ISA Transactions,2019,92: 180-190.

[7]　DING B,FANG H. Fault prediction for nonlinear stochastic system with incipient faults based on particle filter and nonlinear regression[J]. ISA Transactions,2017,68: 327-334.

[8]　CHEN H,JIANG B,ZHANG T,et al. Data-driven and deep learning-based detection and diagnosis of incipient faults with application to electrical traction systems [J]. Neurocomputing,2019.

[9]　SHANG J, ZHOU D, CHEN M, et al. Incipient sensor fault diagnosis in multimode processes using conditionally independent Bayesian learning based recursive transformed component statistical analysis[J]. Journal of Process Control,2019,77: 7-19.

[10]　HARMOUCHE J,DELPHA C,DIALLO D. Incipient fault detection and diagnosis based on Kullback-Leibler divergence using principal component analysis: part I [J]. Signal Processing,2014,94(1): 278-287.

[11]   HARMOUCHE J,DELPHA C,DIALLO D. Incipient fault detection and diagnosis based on Kullback-Leibler divergence using principal component analysis: part Ⅱ[J]. Signal Processing,2015,109(1): 334-344.

[12]   HARMOUCHE J,DELPHA C, DIALLO D. Incipient fault amplitude estimation using KL divergence with a probabilistic approach[J]. Signal Processing,2016,120(1): 1-7.

[13]   KUERSTEINER G M. Kernel-weighted GMM estimators for linear time series models [J]. Journal of Econometrics,2012,170(2): 399-421.

[14]   KRSTANOVIC'L,NEBOJSA M,ZLOKOLICA V,et al. GMMs similarity measure based on LPP-like projection of the parameter space[J]. Expert Systems With Applications, 2016,66(1): 136-148.

[15]   HASAN M, GORAYA M S. Fault tolerance in cloud computing environment: A systematic survey[J]. Computers in Industry,2018,99: 156-172.

[16]   RODIL S S,FUENTE M J. Fault tolerance in the framework of support vector machines based model predictive control[J]. Engineering Applications of Artificial Intelligence, 23(7): 1127-1139.

[17]   ZHOU S M, SONG S L, YANG X X, et al. On conditional fault tolerance and diagnosability of hierarchical cubic networks[J]. Theoretical Computer Science,2016,609: 421-433.

[18]   JI H,HE X,SHANG J, et al. Incipient sensor fault diagnosis using moving window reconstruction-based contribution[J]. Industrial & Engineering Chemistry Research,2016, 55(10): 2746-2759.

[19]   DELPHA C,DIALLO D, YOUSSEF A. Kullback-Leibler divergence for fault estimation and isolation: application to Gamma distributed data[J]. Mechanical Systems and Signal Processing,2017,93: 118-135.

[20]   GREEN P J. Bayesian reconstructions from emission tomography data using a modified EM algorithm[J]. IEEE Transactions on Medical Imaging,1990,9(1): 84-93.

[21]   EGUCHI S,COPAS J. Interpreting Kullback-Leibler divergence with the Neyman-Pearson lemma[J]. Journal of Multivariate Analysis,2006,97: 2034-2040.

[22]   YOUSSEF A,DELPHA C, DIALLO D. An optimal fault detection threshold for early detection using Kullback-Leibler divergence for unknown distribution data[J]. Signal Processing,2016,120: 266-279.

[23]   GANDHI R, MHASKAR P. A safe-parking framework for plant-wide fault-tolerant control[J]. Chemical Engineering Science,2009,64: 3060-3071.

[24]   ALROWAIE F,GOPALUNI R,KWOK K. Fault detection and isolation in stochastic non-linear state-space models using particle filters[J]. Control Engineering Practice,2012,20: 1016-1032.

下 篇

故障可诊断性评价及诊断方法 在电源车系统中的应用

第9章

混合信息熵约束下的电源车传感器优化配置方法

9.1 引言

电源车作为一种军用移动电站,是野外条件下军队武器装备的主要电能来源,被称为武器系统的"心脏",一旦出现故障,整个武器系统都可能陷入瘫痪而贻误战机。为系统配置功能齐全、类型丰富的各类传感器是提高故障诊断精度、保证系统安全运行的重要手段之一。然而电源车空间有限,且部分测点传感器价格昂贵,无法有效保障传感器测量与故障一一对应。因此,对测点传感器进行优化配置是实现电源车故障检测和隔离的关键所在,也是保障电源车安全可靠运行的前提。在电源车故障诊断传感器优化配置中既要满足对可能发生的故障进行全覆盖的检测,还要对配置数量和位置进行优化,满足传感器配置经济性和可实现性的协同。

近年来,很多学者就传感器的优化配置进行了深入研究[1-5]。参考文献[6]中在水质监测网络中提出了一种基于信息值的测点优化配置方法,当水质发生变化时,不同的监测点获取的信息值是不一致的,以此来作为传感器最优配置的依据。信息值是一种衡量随机信号信息量的方法,最早被决策者应用于评估投资是否具有经济性[7]。类似的,参考文献[8]中利用信息值进行了超声导波检测传感器的优化配置,并借助相对期望信息增益,作为确定传感器最佳数量和位置的最优性准则。参考文献[9]中提出了一种新的网络化系统信息值管理方法以便于有效估计系统状态,从而实现了实体之间通过公共通信网络共享数据的目的。参考文献

[10]中利用信息值研究了量值优化传感器监测方案的子模块性问题。

　　受信息值方法的启发,对于基于故障可诊断性评价的电源车传感器优化配置问题,本质上也是通过度量不同测量传感信息的变化来实现的。当系统发生故障时,由于故障的传播,会引起传感器的测量数据发生变化,这就会导致传感器获取的信息值发生变化,由此可以作为故障可以被检测的判断依据。不同的故障情况下,传感器集合获取的信息值是不一样的,将传感器网络得到的信息值期望作为标准,就可以进行不同故障之间的隔离。

　　然而,即使利用信息值的量化评价方法获取了测点传感器的配置集合,依然存在两个问题需要解决:一是由于传感器集合内部可能存在信息冗余,不同的传感器配置集合可能拥有相同的信息值;二是如何通过量化评价传感器之间的冗余度以获取传感器配置集合的帕累托最优解,从而达到测点传感器在位置和数量上的最优。

　　关于系统解析冗余度分析的研究近年来也很受关注[11-14]。传递熵是由Schreiber 于 2000 年基于信息熵提出的,它能够量化两个序列之间的信息传递,进而判断两个变量之间是否存在因果关系。通过这一方法,可以消除变量之间的冗余关系,起到对模型简化的目的[15]。在工业过程控制中,参考文献[16]在化工领域借助传递熵建立了控制变量之间的因果关系,并通过构建因果图达成了操作变量变化的成因分析。以此为基础,很多学者对传递熵算法进行了改进,如参考文献[17]中提出一种基于传递熵的非线性系统序列预测模型,借助因果关系进行了辅助变量的设计和冗余度的消除。参考文献[18]中利用传递熵方法将工业机器人中的故障隔离问题视为耦合动态过程中的因果分析问题,进行了基于因果关系的故障溯源,取得了较好的效果。在传感器冗余度消除方面,参考文献[19]中提出了一种基于传递熵的管网泄漏事件识别优化框架。参考文献[20]中研究了一种基于传递熵的传感器布局方法,并深入分析了测量噪声和模型误差对传感器布局的影响。参考文献[21]中针对电源车进行了基于故障可诊断性的传感器优化配置,但优化指标单一,且未考虑传感器之间的冗余特性。

　　作为提高军队野外作战能力的重要设备,基于信息化与智能化技术,对电源车进行全生命周期诊断、预测与健康维护已是未来发展的趋势。然而这些能力的实现都要以配置足够数量的传感器为前提,在空间有限和部分传感器配置经济成本过高的现状下,实现电源车传感器的优化配置就显得尤为迫切了,目前此项研究还在起步阶段。

　　鉴于此,本章在混合信息熵指标约束下进行了传感器的优化配置,其中混合信息熵指标包括信息值量化指标和传递熵量化指标,首先,利用信息值方法量化评价电源车常见故障的可检测性和可隔离性的测点传感器集合,文中涉及的电源车故障类型包括调速器故障、励磁系统故障、发电机失磁、系统超载等;其次,借助传递熵方法量化评价测点传感器的冗余度,并进而通过优化减小冗余度,以达到对测点传感器优化配置的目的。

9.2　基于传感器信息值的故障可诊断性量化评价

9.2.1　传感器信息值理论

设电源车的测点传感器为 $s_1, s_2, \cdots, s_n$，其测量数据为 $x_1, x_2, \cdots, x_n$，其中 n 为测点传感器的数量。对于系统中可能发生的某一故障 f_κ，其数学模型表述为

$$f_\kappa = \rho_k \tag{9.2.1}$$

其中，$\kappa \in N$ 为故障序号；k 为故障幅值的变化序列，若当前故障为加性故障，则 ρ_k 为由故障引起的传感器偏置，若当前故障为乘性故障，则 $\rho_k \in (0,1)$。

假设发生故障前，传感器测量数据的估计值为 $\hat{x}_1, \hat{x}_2, \cdots, \hat{x}_n$，可得传感器残差数据为

$$r_i = x_i - \hat{x}_i \tag{9.2.2}$$

当系统正常运行时，传感器的残差数据通常较小，且在 0 值范围内波动，可以估计出它的先验概率密度函数为 $p(r_i)$。当系统发生故障时，故障信息在系统内传播，某一传感器获得故障信息时，对应的测量数据可能会发生变化。然而，是否变化取决于故障信息与该传感器之间是否存在因果关系，采用贝叶斯公式可以推断这一关系

$$p(r_i \mid f_\kappa) = \frac{p(f_\kappa \mid r_i) p(r_i)}{p(f_\kappa)} \tag{9.2.3}$$

其中，$p(r_i)$ 为残差 r_i 的概率密度函数；$p(r_i \mid f_\kappa)$ 为在故障 f_κ 的影响下，新的传感器残差概率密度函数值；$p(f_\kappa \mid r_i)$ 为条件概率，即当残差数据为 r_i 时发生故障 f_κ 的概率；$p(f_\kappa)$ 为故障 f_κ 发生的概率。

故障 f_κ 的作用下，会使得 r_i 先验概率密度 $p(r_i)$ 增强或是无变化，这取决于故障对第 i 个传感器的影响力。定义传感器的信息值为故障发生前后传感器残差数据的概率密度函数之差，其反映的是条件概率是否会增强先验概率。考虑故障信息的有效性，可以定义信息接收的有效性函数分别为

$$E_m = \sum_{i=1}^{n} \alpha_i \log p(r_i \mid f_\kappa) \tag{9.2.4}$$

$$E_n = \sum_{i=1}^{n} \alpha_i \log p(r_i) \tag{9.2.5}$$

其中，n 为测点传感器的数量；α_i 为代价因子，若故障与传感器直接相关，则代价因子 α_i 应该被加强，否则弱化。

传感器 s_i 是否能够有效地检测故障 f_κ，关键在于残差 r_i 是否会受到故障 f_κ 的影响，即 E_m 和 E_n 差值有多大。可借助传感器的信息值来量化故障对传感器数据的影响[19]，公式为

$$\mathrm{VOL}_\kappa = p(f_\kappa)\left[\sum_{i=1}^n \alpha_i \log p(r_i \mid f_\kappa) - \sum_{i=1}^n \alpha_i \log p(r_i)\right] \qquad (9.2.6)$$

为了简化计算,并进一步揭示上式对于传感器信息值所蕴含的物理意义,下面引入如下定理来分析说明。

定理 9.1 对于有 n 个测点传感器 $s_1, s_2, \cdots, s_n$ 的系统,若系统发生故障 f_κ,则某一测点传感器 $s_i (i=1,2,\cdots,n)$ 残差的信息值为

$$\mathrm{VOL}_{\kappa i} = \alpha_i \beta_i \mathrm{KL}(p(r_i \mid f_\kappa) \parallel p(r_i)) \qquad (9.2.7)$$

其中,$\mathrm{KL}(p(r_i \mid f_\kappa) \parallel p(r_i))$ 为概率密度函数之间的相对熵,即 KL 散度;$\beta_i = p(f_\kappa)/p(r_i \mid f)$。

证明:对于单个传感器残差数据 r_i,其信息值为

$$\mathrm{VOL}_{\kappa i} = p(f_\kappa)\{\alpha_i \log[p(r_i \mid f_\kappa)] - \alpha_i \log[p(r_i)]\} \qquad (9.2.8)$$

对上式进行变换可得

$$\begin{aligned}
\mathrm{VOL}_{\kappa i} &= p(f_\kappa)\{\alpha_i \log[p(r_i \mid f_\kappa)] - \alpha_i \log[p(r_i)]\} \frac{p(r_i \mid f)}{p(r_i \mid f)} \\
&= \frac{p(f_\kappa)}{p(r_i \mid f)}\{\alpha_i p(r_i \mid f)\log[p(r_i \mid f_\kappa)] - \alpha_i p(r_i \mid f)\log[p(r_i)]\} \\
&= \alpha_i \frac{p(f_\kappa)}{p(r_i \mid f)} p(r_i \mid f)\log\frac{p(r_i \mid f_\kappa)}{p(r_i)} \\
&= \alpha_i \frac{p(f_\kappa)}{p(r_i \mid f)} \mathrm{KL}(p(r_i \mid f_\kappa) \parallel p(r_i)) \\
&= \alpha_i \beta_i \mathrm{KL}(p(r_i \mid f_\kappa) \parallel p(r_i))
\end{aligned}$$

其中,$\mathrm{KL}(p(r_i \mid f_\kappa) \parallel p(r_i))$ 为概率密度函数之间的相对熵,即 KL 散度;$\beta_i = p(f_\kappa)/p(r_i \mid f)$。

推论 9.1 对于有 n 个测点传感器 $s_1, s_2, \cdots, s_n$ 的系统,若系统发生故障 f_κ,则全部测点传感器残差的信息值为

$$\mathrm{VOL}_\kappa = \sum_{i=1}^n \alpha_i \beta_i \mathrm{KL}(p(r_i \mid f_\kappa) \parallel p(r_i)) \qquad (9.2.9)$$

相对熵,又被称为 KL 散度,是两个概率分布 p_i 和 p_j 间差异的非对称性度量,具有如下特性

$$\mathrm{KL}(p_i \parallel p_j) \geqslant 0$$
$$\mathrm{KL}(p_i \parallel p_j) = 0 \quad p_i = p_j \qquad (9.2.10)$$

9.2.2 基于传感器信息值的故障可诊断性量化评价

通过上面的证明可见,传感器的信息值可以转化为计算先验概率密度与后验概率密度之间的 KL 散度。若故障与当前配置的传感器集合存在因果关系,则故障的发生必然会导致信息值的变化。图 9.1 所示为电源车发生调速器故障 f_κ 时,

在系统 8 个传感器测点处检测到的信息值柱状图,将其拟合为一条曲线,如图 9.2 所示,其中选取的 8 个测点传感器分别检测的信号有电压(V)、电流(I)、机体温度(T)、功率因数(ϕ)、频率(F)、负荷(P)、发动机转速(V_s)及励磁电压(U_0)。

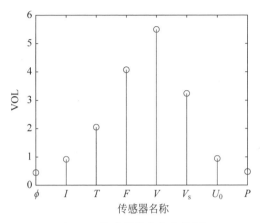

图 9.1　传感器信息值柱状图

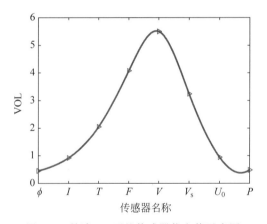

图 9.2　故障 f_κ 下的传感器信息值示意图

在离散情况下,图 9.1 中横坐标为选取的 8 个测点传感器,纵坐标为各个测点传感器节点的信息值。在数据连续的情况下,图 9.2 中曲线与横轴形成图形的面积为当前传感器的信息总值,即所有测点的信息值之和。两种概率密度函数 p_i 和 p_j 的 KL 散度最小化等同于这两种概率密度函数的最大似然估计[22],因此,可将故障 f_κ 的可检测性量化指标定义为

$$\mathrm{FD}(f_\kappa) = \min(\mathrm{VOL}_\kappa) \tag{9.2.11}$$

式(9.2.11)中的最小化指的是故障幅值最小时的信息值,若故障幅值最小时满足可检测性,则故障在变化过程中均满足可检测性要求。

由此可得传感器的配置目标之一是:优化配置系统传感器,使得系统对任意

故障 f_κ 满足可检测的基本指标要求,即满足

$$\mathrm{FD}(f_\kappa) > \delta_\mathrm{d} \tag{9.2.12}$$

其中,δ_d 为可检测量化指标的阈值。

当系统配置足够多的传感器时,故障可检测性会显著提高。然而,由于传感器成本和安装可实现性的限制,需在满足可检测性最低指标要求的基础上,优化传感器配置的数量和位置,使得传感器有最大的故障覆盖面。

当电源车可能发生的故障有两种时,如电源车调速器故障 f_κ 和励磁系统故障 f_υ,假定这两种故障均具有可检测性,为了对两种故障进行隔离,就需要比较两者之间的信息值。如图 9.2 和图 9.3 所示为故障 f_κ 和 f_υ 对应的传感器集合信息值变化示意图。

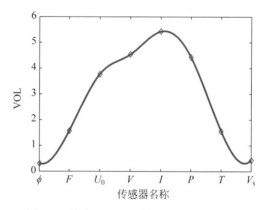

图 9.3　故障 f_υ 下的传感器信息值示意图

图 9.2 和图 9.3 中信息值是针对故障 f_κ 和 f_υ 的特定幅值绘制的信息值曲线,如果将曲线包围面积作为故障可隔离性的评价指标,可以确定两种故障之间的可隔离性量化评价结果。然而,在实际工程中,故障幅值不会是单一的,不同的工况可能面临不同的故障幅值。因此,两种故障的可隔离性应该考虑故障幅值的全范围覆盖。如图 9.4 和图 9.5 所示为故障幅值变化时,f_κ 和 f_υ 的信息值曲线。

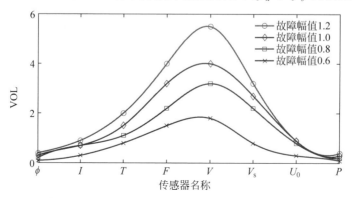

图 9.4　不同故障幅值下的信息值曲线(故障 f_κ)(见文后彩图)

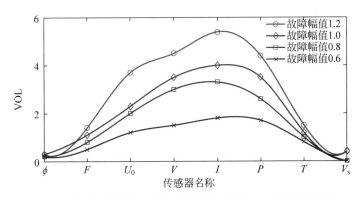

图9.5　不同故障幅值下的信息值曲线(故障 f_{υ})(见文后彩图)

从图9.4和图9.5可以看出,当故障幅值变化时,传感器集合的信息值也会相应发生变化,当故障幅值大时,信息值比较大,当故障幅值变小时,传感器信息值相应变小。为了更全面地描述不同故障幅值对信息值的影响,进而量化评价两种故障的可隔离性,将可隔离性量化指标定义为

$$\mathrm{FI}(f_{\kappa},f_{\upsilon})=\min\left[E(\mathrm{VOL}_{\kappa})-E(\mathrm{VOL}_{\upsilon})\right] \tag{9.2.13}$$

其中,$E(\ )$代表期望函数。

由于故障诊断传感器配置目标不仅要使得故障满足可检测性,还应该使得不同故障之间满足可隔离性,这对传感器的配置提出了更高的要求。

9.3　基于传递熵的传感器冗余度评价

即使是不同的传感器配置集合,也可能有相同的信息值,主要原因是集合内的传感器存在冗余。传感器优化配置的基本要求是:传感器集合要全面地覆盖系统故障,且互相之间的冗余度要尽可能小。这就需要对传感器之间的冗余度进行量化评价,选取冗余度最小的传感器配置集合,降低系统运行的成本。

定义彼此相关联的传感器共有的信息为互信息,用以量化测量数据之间的共同信息,公式为

$$M(s_i,s_j)=-\sum_{k=1}^{m}\sum_{l=1}^{m}p(r_{ik},r_{jl})\log\frac{p(r_{ik},r_{jl})}{p(r_{ik})p(r_{jl})} \tag{9.3.1}$$

其中,m 为残差数据的状态数;$M(s_i,s_j)$ 为传感器 s_i 和 s_j 的互信息;$p(r_{ik},r_{jl})$ 为传感器残差 r_i 和 r_j 的联合概率密度;$p(r_{ik})$ 和 $p(r_{il})$ 分别为残差 r_i 和 r_j 的概率密度。

互信息表征了两个传感器共同传递的信息,但是无法表示传感器之间传递信息的方向,在互信息的基础上,认为传感器 s_i 向 s_j 传递的信息是:s_i 和 s_j 共同向 s_i 未来传递的信息减去 s_i 自身传递的信息,记为传递熵。它是互信息和条件熵共同作用的结果,传递熵的定义为

$$T(s_{i+h} \mid s_i, s_j) = -\sum_{k=1}^{m}\sum_{l=1}^{m} p(r_{i(k+h)}, r_{ik}, r_{jl}) \log \frac{p(r_{i(k+h)} \mid r_{ik}, r_{jl})}{p(r_{i(k+h)} \mid r_{ik})}$$

$$(9.3.2)$$

其中,h 为传感器数据的预报范围,通过调节 h 可以使传递熵适应变量间不同的延迟,更加符合实际情况。

两个传递熵的差可以用来表示传感器数据之间的因果关系,公式为

$$T_{s_i \to s_j} = T(s_{i+h} \mid s_i, s_j) - T(s_{j+h} \mid s_j, s_i) \qquad (9.3.3)$$

如果 $T_{s_i \to s_j} > 0$,表示传感器 s_i 对 s_j 的影响比 s_j 对 s_i 的大,此时 s_i 是导致 s_j 变化的原因,s_j 是 s_i 造成的结果。反之,如果 $T_{s_i \to s_j} < 0$,表示 s_j 是 s_i 变化的主要原因。如果 $T_{s_i \to s_j}$ 接近为 0,表示两个变量没有明确的因果关系。因此,本章采用传递熵来量化评价传感器之间的冗余关系,公式为

$$\mid 1 - T_{s_i \to s_j} \mid > \delta_c \qquad (9.3.4)$$

其中,δ_c 为冗余度量化评价的阈值。若式(9.3.4)成立,则意味着两个传感器数据之间存在冗余,可以约简是"结果"的传感器 s_j,保留是"原因"的传感器 s_i。这样就可以在保障电源车传感器之间较小的冗余度,降低系统的运行成本,满足安全性与经济性需求。

9.4　传感器的多目标优化过程

通过上述分析可以看出,电源车系统传感器的优化配置是一个集传感器数目 z_1、故障可检测性 z_2、故障可隔离性 z_3 及冗余度 z_4 的多目标的优化问题。该优化问题可描述为

$$\{\min z_1, \max z_2, \max z_3, \max z_4\}$$

$$\text{s.t.} \quad z_1 = \sum_{\forall i} s_i \leqslant q \qquad (9.4.1)$$

$$z_2 = \text{FD}(f_\kappa) > \delta_d \qquad (9.4.2)$$

$$z_3 = \text{FI}(f_\kappa, f_\upsilon) > \delta_i \qquad (9.4.3)$$

$$z_4 = \mid 1 - T_{s_i \to s_j} \mid > \delta_c \qquad (9.4.4)$$

约束条件分别为:传感器总数 z_1、故障可检测性量化评价指标 z_2、故障可隔离性量化评价指标 z_3 和传感器冗余度量化评价指标 z_4。q 为传感器数量上限。在满足这些约束条件的前提下,寻求最优的电源车测点传感器集合,使其在位置和数量上达到最优。

对于多目标的优化问题,可以采用 NSGA-Ⅱ 算法进行优化求解。NSGA-Ⅱ 作为一种比较优秀的多目标优化算法,借助于快速非支配排序可降低算法的计算复杂度,通过增加拥挤度和拥挤度比较算子,保持种群的多样性,还采用精英保留策略维持、扩大了采样空间,使得最佳个体不会丢失,迅速提升了种群水平,达到对多

约束条件、多目标函数进行综合优化目的。NSGA-Ⅱ算法对电源车传感器的优化配置如下所示。

　　步骤1　随机生成一个初始种群 P_0，对初始种群进行非支配排序，并选择适应度高的个体进行、交叉、变异操作，生成子代种群 Q_0，此时 $k=0$。

　　步骤2　合并父代和子代种群 $R_k=P_k \bigcup Q_k$，对种群 R_k 进行快速非支配排序。

　　步骤3　对 R_k 中每个非支配帕累托等级的个体进行拥挤度排序，根据支配关系和拥挤度关系选择最优的个体形成新的种群 P_{k+1}。

　　步骤4　借助选择、交叉、变异操作得到子代种群 Q_{k+1}。

　　步骤5　判断是否满足终止条件，若满足则终止循环，否则回到步骤2。

　　传感器优化的具体过程如图9.6所示。

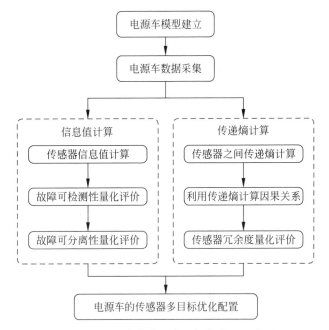

图9.6　电源车传感器多目标优化配置流程

9.5　仿真实验分析

9.5.1　电源车系统和常见故障描述

　　本节以某电源车设备厂商的120kW电源车为研究对象，该设备可提供120kW的额定输出功率，输出电压为400V。电源车的硬件设备包括用于支撑的汽车底盘、提供动力来源的柴油发电机系统、励磁系统和电子调速器等，各模块之间的关系如图9.7所示。

　　本仿真实验所采用的数据来源于与该电源车设备厂商联合开发的"120kW车

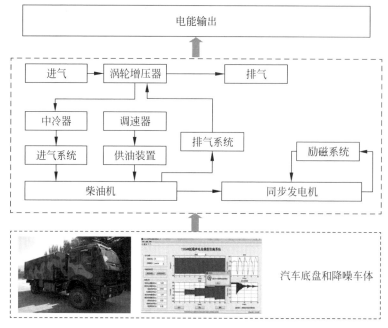

图 9.7 电源车结构

辆电源仿真系统",该系统于 2014 年开发,已完成现场测试。此系统借助模块化的方式对电源车系统进行建模,将电源车模型分解为柴油机模型、同步发电机模型、调速器模型、励磁系统模型和负载模型。文中所有的数据均为仿真系统采集的数据,各模块内部的关系如图 9.8 所示。

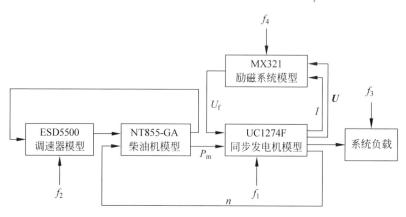

图 9.8 电源车模块内部关系

在图 9.8 中,向量 U 为发电机 d 轴和 q 轴电压,I 为发电机 d 轴和 q 轴电流,U_f 为励磁电压,P_m 为发电机机械功率,n 为发电机转速,发电机的额定输出电压为 400V。表 9.1 为车辆电源系统运行过程中常见的一些故障类型。

表 9.1　车辆电源常见故障描述

故　　障	故障描述	故障范围	故障类型
f_1	发电机失磁	0.1～1.0	加性故障
f_2	调速器调节失灵	0.1～1.0	加性故障
f_3	系统超载	0.5～2.0	加性故障
f_4	励磁模块故障	0.1～1.0	乘性故障

表 9.1 中故障范围为电源车部件偏离正常运行值的变化范围,由于电源车系统中状态值通常都采用标幺值表示,因此故障范围为基于标幺值的变化量。电源车在长期运行过程中故障类型众多,统计显示表 9.1 中所示的 4 种故障发生频率较高,为了使文中传感器的优化配置方法具有现实可操作性,在本章的仿真过程中只考虑这 4 种故障情况。故障范围是为了符合实际对象运行情况仿真模拟的故障数值。可见,要检测和隔离这 4 种故障,就需要在合适的位置配置与故障关联的传感器。在对所需传感器数量和位置配置情况未知的前提下,先列出电源车所有可能配置的测点传感器,再通过信息值方法确定满足故障可检测性和可隔离性需求的测点传感器集合。选取电源车可能配置的 8 个测点传感器 $s_1 \sim s_8$,即电压(V)、电流(I)、机体温度(T)、功率因数(ϕ)、频率(F)、负荷(P)、发动机转速(V_s)及励磁电压(U_0)。该电源车系统中传感器优化配置的要求是,要使得电源车常见的 4 种故障情况均具备可检测性和可隔离性。

9.5.2　电源车故障可诊断性量化评价

根据文中基于信息值的故障可检测性量化评价方法,配置不同数量的传感器时,故障检测的量化评价指标也是不同的。为了确定评价指标的敏感性,每一种故障要选取故障发生时幅值的最小值。所得的信息值与传感器配置数量的关系如图 9.9 所示。

在图 9.9 中,横坐标代表 4 种不同的故障情形,纵坐标为传感器集合的信息值,图形中 8 种不同的颜色由下到上,依次代表 8 个不同的传感器。例如,当故障 f_3 发生时,传感器 s_2 和 s_3 的信息值变化较大,其余传感器的信息值变化较小。因此,要实现对故障 f_3 的检测,就要从传感器集合$\{s_2, s_3\}$中选择子集来配置。同理,对于故障 f_4 而言,传感器 s_1、s_2、s_6、s_8 的信息值变化较大,其余传感器信息值变化小,对于故障 f_4 的检测,就要从集合$\{s_1, s_2, s_6, s_8\}$中选择子集来配置。

通常而言,传感器配置的数目越多,故障的可检测性量化评价指标越大,如图 9.10 所示。

从图 9.10 可以看出,当传感器配置数量逐渐增多时,传感器集合的信息值增大,4 种故障的可检测性量化评价指标也随之增大。

在保障了故障可检测后,还需要评价 4 种故障之间是否可以被隔离,故障隔离通常要比故障检测复杂。对于表 9.1 中的 4 种故障,当配置了所有的 8 个测点传

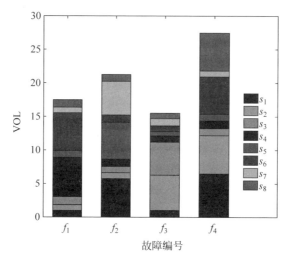

图 9.9　不同传感器对应的信息值变化(见文后彩图)

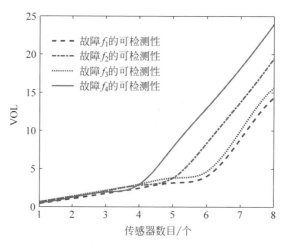

图 9.10　传感器配置数量与故障可检测性关系

感器时,通过文中方法,可计算故障之间可隔离性的量化评价结果如表 9.2 所示。

表 9.2　故障可隔离性量化评价

故　　障	f_1	f_2	f_3	f_4
f_1	0	5.5878	3.6456	4.7665
f_2	5.9029	0	4.9977	2.5674
f_3	3.1765	4.4764	0	3.9673
f_4	4.2910	2.1246	3.0976	0

　　从表 9.2 可以看出,当电源车配置了 8 个传感器时,表 9.1 中的 4 种故障均可以被隔离。事实上,考虑传感器配置的经济性和可实现性,对这 4 类故障的诊断,

也可能无须配置所有的传感器,而是从这 8 个传感器中选择部分进行配置,就可以达到对所有故障进行检测和隔离的目的,对电源车传感器的优化配置可以实现这一目标。

9.5.3 电源车传感器的多目标优化配置

前面的分析过程中,只是单独考虑了满足故障可检测性或者可隔离性时的传感器配置,而实际的传感器配置过程是一个综合优化的过程,优化的目标是要用最少的传感器来达到最佳的故障可诊断性评价指标要求,这就需要在配置过程中精简传感器配置数量,剔除传感器配置集合中的冗余测点。为了达成这一目的,还需进一步分析传感器之间的冗余度,如图 9.11 所示。

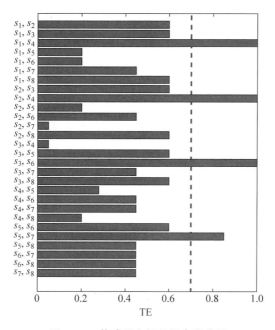

图 9.11 传感器之间的冗余度分析

图 9.11 中纵坐标为传感器集合 $\{s_1, s_2, \cdots, s_8\}$ 之中的传感器两两配对,即 $\{s_i, s_j | i < j, i = 1, 2, \cdots, 8, j = 1, 2, \cdots, 8\}$,当冗余度指标超过阈值就意味着两个传感器之间存在冗余。可得存在冗余度超过阈值的传感器集合为 $\{s_1, s_4\}$、$\{s_2, s_4\}$、$\{s_3, s_6\}$、$\{s_5, s_7\}$。

图 9.11 中的阈值是借助参考文献[23]中的方法设计的。首先,选取一组弱相关的传感器运行数据,如 s_5 和 s_6;其次,根据冗余度量化指标的分布特性实现阈值的设定,可得阈值为 $\delta_c = \lambda(\mu \pm 2.17\sigma)$,其中 μ 和 σ 分别为两个弱相关传感器冗余度指标的均值和方差,$\lambda \in [1.2, 1.5]$,为放大因子。综合电源车的故障可检测性、可隔离性量化评价指标及冗余度量化评价指标,借助于 NSGA-II 算法求解多

目标优化配置问题,可得电源车要配置的传感器集合为 $\{s_1, s_2, s_3, s_5\}$。在系统配置这 4 个传感器时,对常见故障的可检测性和可隔离性分析如表 9.3 所示。

表 9.3 故障可诊断性量化评价

故障	FD	f_1	f_2	f_3	f_4
f_1	2.1110	0	2.1420	1.5864	1.0256
f_2	1.0058	2.1355	0	2.0201	2.5674
f_3	1.5874	1.6954	1.5720	0	1.2389
f_4	2.3214	1.5620	2.1246	1.0510	0

表 9.3 中 FD 为优化后的传感器配置集合下电源车常见故障的可检测性,其余列为不同故障之间的可隔离性。这里定义故障可诊断性量化评价的阈值为 $\delta = 0.9$,可以看出,在传感器优化之后 4 种故障依然满足可检测性和可隔离性的评价要求。此时,所有的 4 种故障均可以被检测且可以被隔离,满足传感器优化配置的指标要求,也就是电源车要满足表 9.1 中 4 种故障的可诊断性时最佳的传感器配置为电压传感器(V)、电流传感器(I)、机体温度传感器(T)和频率传感器(F)。

9.6 本章小结

本章提出了一种基于混合信息熵约束下的电源车传感器优化配置方法,量化评价指标主要包括故障可诊断性评价指标和传感器之间的冗余度评价指标。其中,故障可诊断性评价的方法选用了基于信息值的方法,即通过衡量故障影响下传感器残差后验概率值的变化,来获取传感器集合信息值的变化,以此为依据得到使得电源车故障序列可被检测的传感器配置集合。同时对传感器之间存在的冗余信息,采用传递熵方法进行评价,在得到传感器之间的冗余度的同时,获取信息传递的因果关系。最后,通过多个量化指标约束下的多目标优化配置方法获得传感器配置数量和位置的最优解。

此项研究是与某电源车辆研究所联合开展的,旨在提升电源车远程诊断和运行维护能力。通过对设备运行的长期观测,已经拥有一定量的故障数据基础,但目前研究的局限性在于电源车传感器配置数量有限,虽然可以对常见故障进行顺利检测,但在故障的可隔离性研究方面还需进一步深入。因此,下一步的研究内容将集中在对观测数据的相关性、因果性分析,以及如何通过配置软传感器提升电源车系统的可靠性。

参考文献

[1] DEY P, BALACHANDRAN N, CHATTERJEE D. Complexity of constrained sensor placement problems for optimal observability[J]. Automatica, 2021, 131(4): 1-10.

［2］ 张子璠,李强,刘汉文,等.基于信息熵的城轨车辆应变传感器优化布置［J］.东北大学学报
（自然科学版）,2020,41(3)：367-374.

［3］ KIM T J，BYENG D Y，HYUNSEOK O. Development of a stochastic effective
independence（SEFI）method for optimal sensor placement under uncertainty［J］.
Mechanical Systems and Signal Processing,2018,111：615-627.

［4］ 邢鹏,贾希胜,郭驰名,等.面向故障预测与健康管理的传感器优化配置［J］.火力与指挥控
制,2021,46(4)：19-30.

［5］ YANG C，LIANG K，ZHANG X P，et al. Sensor placement algorithm for structural health
monitoring with redundancy elimination model based on sub-clustering strategy［J］.
Mechanical Systems and Signal Processing,2019,124：369-387.

［6］ MAYMANDI N，KERACHIAN R，NIKOO M R. Optimal spatio-temporal design of water
quality monitoring networks for reservoirs：application of the concept of value of
information［J］.Journal of Hydrology,2018,558：328-340.

［7］ ALFONSO L，PRICE R. Coupling hydrodynamic models and value of information for
designing stage monitoring networks［J］.Water Resources Research,2012,48(8)：1-13.

［8］ SERGIO C C，JUAN C，MANUEL C，et al. Optimal sensor configuration for ultrasonic
guided-wave inspection based on value of information［J］. Mechanical Systems and Signal
Processing,2020,135：1-15.

［9］ MOLIN A，ESEN H，JOHANSSON K H. Scheduling networked state estimators based on
value of information［J］.Automatica,2019,110：1-7.

［10］ MALINGS C，POZZI M. Submodularity issues in value of information based sensor
placement［J］.Reliability Engineering and System Safety,2019,183：93-103.

［11］ WANG W，LIN M Q，FU Y N，et al. Multi-objective optimization of reliability redundancy
allocation problem for multi-type production systems considering redundancy strategies
［J］.Reliability Engineering & System Safety,2020,193(1)：10.

［12］ YU H Y，WU X Y，WU X Y. An extended object-oriented petri net model for mission
reliability evaluation of phased-mission system with time redundancy［J］. Reliability
Engineering & System Safety,2020,197：1-11.

［13］ PAN H H，SUN W C，SUN Q，et al. Deep learning based data fusion for sensor fault
diagnosis and tolerance in autonomous vehicles［J］. Chinese Journal of Mechanical
Engineering,2021,34(1)：1-11.

［14］ LEVITIN G，FINKELSTEIN M，LI Y F. Balancing mission success probability and risk of
system loss by allocating redundancy in systems operating with a rescue option［J］.
Reliability Engineering & System Safety,2020,195：1-7.

［15］ SCHREIBER T. Measuring Information Transfer［J］. Physical Review Letters,2000,
85(2)：461-464.

［16］ BAUER M，COX J W，CAVENESS M H. Finding the direction of disturbance propagation
in a chemical process using transfer entropy［J］.IEEE Transactions on Control Systems
Technology,2007,15(1)：12-21.

［17］ 金秀章,丁续达,赵立慧.传递熵变量选择的非线性系统时序预测模型［J］.中国电机工程
学报,2018,38(z1)：192-200.

［18］ MIKAEL N，MICHAL O，SACHIT B. A transfer entropy based approach for fault isolation in industrial robots[J]. ASME Letters in Dynamic Systems and Control,2021, 2(1): 1-7.

[19]   KHORSHIDI M S,NIKOO M R,TARAVATROOY N,et al. Pressure sensor placement in water distribution networks for leak detection using a hybrid information-entropy approach[J]. Information Sciences,2020,516: 56-71.

[20]   PEI X Y,YI T H,QU C X,et al. Conditional information entropy based sensor placement method considering separated model error and measurement noise[J]. Journal of Sound & Vibration,2019,449: 389-404.

[21]   蒋栋年,李炜,王君,等.基于故障可诊断性量化评价的传感器优化配置方法研究[J].自动化学报,2018,44(6):1128-1137.

[22]   李文博,王大轶,刘成瑞.动态系统实际故障可诊断性的量化评价研究[J].自动化学报,2015,41(3):497-507.

[23]   蒋栋年,李炜.基于自适应阈值的粒子滤波非线性系统故障诊断[J].北京航空航天大学学报,2016,42(10):2099-2106.

基于时间相关性的电源车传感器故障检测方法

10.1 引言

为了实时检测电源车运行状态,安装了包括测量电压、电流和检测其他电气设备运行的各类传感器,因此,有效的传感器故障检测是保证电源车安全稳定运行的基础,也是开展电源车传感器数据重构的前提条件。近年来,随着信息科技的发展,人工智能及机器学习算法又一次出现在人们的视线中,给传统的基于模型的传感器故障检测带来了新的灵感,越来越多的学者就机器学习算法在传感器健康评估领域进行了深耕,其中有相当一部分学者取得了丰硕的成果[1-4],然而目前大多数研究仅考虑了传感器之间的空间相关性,而忽略了传感器输出数据之间的时间依赖性,也就是忽略了传感器数据时序特征的提取,导致该类方法无法有效应用在实际的传感器故障检测中,因为当传感器出现故障后,经过一段时间的发展,其故障可能更加严重,也可能保存先前的故障状态,也就是说,同一传感器不同时刻的故障相互影响,存在依赖关系。因此,也有学者从时间相关性的角度展开了传感器的故障检测[5],然而相关研究在进行时间序列预测模型的建立时存在时序特征提取不充分,传感器故障检测指标不准确,无法有效应对传感器不同故障的发生,从而制约了传统时间序列预测模型在电源车传感器故障检测中的应用。

因此本章拟从传感器的时间相关性的角度出发,在考虑电源车传感器数据时序特征的基础上,通过时间序列预测模型提取电源车传感器的时间相关特征,为了解决不同工作环境下时间序列预测模型预测的准确度和预测的实时性,考虑到选择与遗忘机制的极限学习机(selective forgetting extreme learning machine,SF-ELM)对时序特征信息良好的提取能力,利用 SF-ELM 网络建立电源车传感器时间序列预测模型,通过时间序列预测模型的预测值和传感器实际值所形成的残差值进行传感器故障状态检测。同时为了避免由于阈值选取所引起的故障检测时的局限性问题,考虑到 KL 散度对两个概率分布之间相似性的高敏感度,引入 KL 散度作为传感器异常检测的指标。在借助双向长短时记忆(bi-directional long short-term memory,Bi-LSTM)网络建立时间序列预测模型的基础上,利用 KL 散度作为监测指标,识别两种概率分布之间的差异,实现异常的自动检测。

10.2　基于 SF-ELM 的电源车传感器故障检测方法

10.2.1　极限学习机相关理论

为了解决监督学习问题,黄广斌等在 2004 年设计了极限学习机(extreme learning machine,ELM)[6],作为一种拥有单隐含层的前馈神经网络(feedforward neuron network,FNN),ELM 拥有更为简单的模型训练过程,在相关的研究中也被视为一类特殊的 FNN,由于具有单隐含层结构,其中的节点的权重可以随机给定,无须实时更新,在利用广义逆矩阵理论求得具有最小范数的最小二乘解后,将其作为网络的输出权重。其本质为求解线性方程组的过程,ELM 在与支持向量机

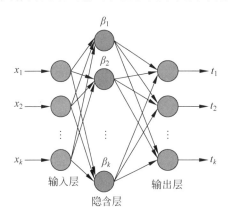

图 10.1　ELM 网络具体架构

(support vector machine,SVM)单层感知机等其他浅层学习算法相比较时,拥有更好的泛化能力和更快的学习速率。因此,ELM 被广泛地应用于模式识别和回归问题中,部分学者为了解决 ELM 在线学习时所存在的问题,对其进行了改进,提出了一种在线序贯极限学习机(online sequential extreme learning machine,OS-ELM),该网络可以根据新加入的训练样本对初始网络权值进行更新,从而使传统的 ELM 具有在线更新能力,更加契合实际应用。ELM 网络具体架构如图 10.1 所示。

考虑将传感器所测量的时间序列数据 $x_1,x_2,x_3\cdots,x_N$ 转换为网络的训练样本 $(x_1,t_1),(x_2,t_2),\cdots,(x_k,t_k)$,其中 $\boldsymbol{x}_i=\begin{bmatrix} x_i & x_{i+1} & \cdots & x_{i+n-1} \end{bmatrix}^{\mathrm{T}}$ 为预测模型的输入,$t_i=x_{i+n}$ 为时间序列预测模型的输出,n 为网络嵌入维数。则一个包含 L 个隐含层神经元函数的回归模型为

$$\sum_{i=1}^{L} \beta_i f(\alpha_i \boldsymbol{x}_i + b_i) = t_j \qquad (10.2.1)$$

其中，$j \in \{1, 2, \cdots, k\}$为网络训练样本；$\alpha_i$是输入层与隐含层神经元之间的输入权值；$\beta_i$为连接隐含层神经元和输出层神经元的输出权值；$b_i$为第$i$个隐含层神经元的偏置。将式(10.2.1)写成矩阵形式，可得

$$\boldsymbol{H}_k \boldsymbol{\beta}_k = \boldsymbol{T}_k \qquad (10.2.2)$$

其中，$\boldsymbol{H}_k$为神经元矩阵；$\boldsymbol{T}_k = [t_1 \quad t_2 \quad \cdots \quad t_k]^T$为输出向量。$\boldsymbol{H}_k$可展开为

$$\boldsymbol{H}_k = \begin{bmatrix} f(\alpha_1 x_1 + b_1) & f(\alpha_2 x_1 + b_2) & \cdots & f(\alpha_L x_1 + b_L) \\ f(\alpha_1 x_2 + b_1) & f(\alpha_2 x_2 + b_2) & \cdots & f(\alpha_L x_2 + b_L) \\ \vdots & \vdots & & \vdots \\ f(\alpha_i x_k + b_1) & f(\alpha_2 x_k + b_2) & \cdots & f(\alpha_L x_k + b_L) \end{bmatrix} \qquad (10.2.3)$$

由于$k = N - n \geqslant L$，因此求解式(10.2.2)可得初始输出权值为

$$\boldsymbol{\beta}_k = (\boldsymbol{H}_k^T \boldsymbol{H}_k)^{-1} \boldsymbol{H}_k^T \boldsymbol{T}_k \qquad (10.2.4)$$

令$\boldsymbol{P}_k = (\boldsymbol{H}_k^T \boldsymbol{H}_k)^{-1}$可以得到

$$\boldsymbol{\beta}_k = \boldsymbol{P}_k \boldsymbol{H}_k^T \boldsymbol{T}_k \qquad (10.2.5)$$

此时，当有新的训练样本(x_{k+1}, t_{k+1})产生时，将$\boldsymbol{x}_{k+1} = [x_{N-n+1} \quad x_{N-n+2} \quad \cdots$ $x_N]^T$作为输入，对神经元矩阵$\boldsymbol{h}_k$进行更新有

$$\boldsymbol{h}_{k+1} = [f(\alpha_2 x_{k+1} + b_1) \quad \cdots \quad f(\alpha_L x_{k+1} + b_L)] \qquad (10.2.6)$$

从而可以得到x_N的一步预测值$\bar{\boldsymbol{x}}_{N+1}$为

$$\bar{\boldsymbol{x}}_{N+1} = \boldsymbol{h}_{k+1} \boldsymbol{\beta}_k \qquad (10.2.7)$$

然而，由于OS-ELM在借助新旧数据更新时没有突出新加入训练数据权值，在每次获得新训练数据时，网络权值都进行更新，使得OS-ELM网络的随动性下降，增加网络训练的计算量，最终导致训练较为耗时。进而有学者对OS-ELM网络进行改进，提出了SF-ELM[7]，SF-ELM通过对新旧训练数据赋予不同的权值，提高了新数据对模型的贡献度，使得所训练的网络模型对时序数据具有更好的随动性，更能反映时序数据变化，因此，本章引入SF-ELM用于传感器时间序列预测模型的建立。

10.2.2 基于SF-ELM的时间序列预测模型建立

对于电源车传感器时间序列预测模型的建立，引入SF-ELM，相比于ELM和OS-ELM，SF-ELM考虑了新旧数据对预测模型建模精度和速度的影响，通过赋予不同的权值，提高新数据对预测模型的影响。所建立的时间序列预测模型包含更多未来的信息特征，从而使得时序预测模型对传感器输出数据具有更好的预测能力。在模型训练时当有新的训练样本(x_{k+1}, t_{k+1})产生时，网络的输出权值则可以更新为

$$\boldsymbol{\beta}_{k+1} = \left(\begin{bmatrix} \lambda \boldsymbol{H}_k \\ \boldsymbol{h}_{k+1} \end{bmatrix}^{\mathrm{T}} \begin{bmatrix} \boldsymbol{H}_k \\ \boldsymbol{h}_{k+1} \end{bmatrix} \right)^{-1} \begin{bmatrix} \lambda \boldsymbol{H}_k \\ \boldsymbol{h}_{k+1} \end{bmatrix}^{\mathrm{T}} \begin{bmatrix} \boldsymbol{T}_k \\ t_{k+1} \end{bmatrix}$$

$$= (\lambda \boldsymbol{H}_k^{\mathrm{T}} \boldsymbol{H}_k + \boldsymbol{h}_{k+1}^{\mathrm{T}} \boldsymbol{h}_{k+1})^{-1} (\lambda \boldsymbol{H}_k^{\mathrm{T}} \boldsymbol{T}_k + \boldsymbol{h}_{k+1}^{\mathrm{T}} t_{k+1}) \tag{10.2.8}$$

其中,$\lambda \in (0,1)$为遗忘因子,其通过对旧数据赋予一个$(0,1)$的值降低旧数据对模型的影响,从而间接提高新数据对预测模型的影响。

同时令

$$\boldsymbol{P}_{k+1} = (\lambda \boldsymbol{H}^{\mathrm{T}} \boldsymbol{H}_k + \boldsymbol{h}_{k+1}^{\mathrm{T}} \boldsymbol{h}_{k+1})^{-1} \tag{10.2.9}$$

将 Sherman-Morrison 求逆引理[8]引入式(10.2.6)可得

$$\boldsymbol{P}_{k+1} = \frac{\boldsymbol{P}_k}{\lambda} - \frac{\boldsymbol{Q}_k \boldsymbol{Q}_k^{\mathrm{T}}}{\lambda(\lambda + \boldsymbol{h}_{k+1} \boldsymbol{Q}_k)} \tag{10.2.10}$$

为了减少不必要的计算资源浪费,降低模型训练时间,可以对$\boldsymbol{P}_k$进行选择性更新,公式为

$$\boldsymbol{P}_{k+1} = \begin{cases} \dfrac{\boldsymbol{P}_k}{\lambda} - \dfrac{\boldsymbol{P}_k \boldsymbol{h}_{k+1}^{\mathrm{T}} \boldsymbol{h}_{k+1} \boldsymbol{P}_k^{\mathrm{T}}}{\lambda(\lambda + \boldsymbol{h}_{k+1} \boldsymbol{P}_k \boldsymbol{h}_{k+1}^{\mathrm{T}})} & R_N > \varepsilon \\[3mm] \boldsymbol{P}_k & R_N < \varepsilon \end{cases} \tag{10.2.11}$$

其中,$R_N = \sqrt{(\bar{x}_{N+1} - x_{N+1})^2}$为均方根误差;$x_{N+1}$为真实值;$\varepsilon$为设定的阈值。

对式(10.2.6)两端同时求逆可得

$$\boldsymbol{P}_{k+1}^{-1} = \lambda \boldsymbol{P}_k^{-1} + \boldsymbol{h}_{k+1}^{\mathrm{T}} \boldsymbol{h}_{k+1} \tag{10.2.12}$$

其中,$\boldsymbol{P}_k = (\boldsymbol{H}_k^{\mathrm{T}} \boldsymbol{H}_k)^{-1}$。

将式(10.2.9)和式(10.2.3)代入式(10.2.5),就可将输出权值$\boldsymbol{\beta}_{k+1}$更新为$\boldsymbol{\beta}_{k+1}$

$$\boldsymbol{\beta}_{k+1} = (\lambda \boldsymbol{H}_k^{\mathrm{T}} \boldsymbol{H}_k + \boldsymbol{h}_{k+1}^{\mathrm{T}} \boldsymbol{h}_{k+1})^{-1} (\lambda \boldsymbol{H}_k^{\mathrm{T}} \boldsymbol{T}_k + \boldsymbol{h}_{k+1}^{\mathrm{T}} t_{k+1})$$

$$= \boldsymbol{P}_{k+1} (\lambda \boldsymbol{H}_k^{\mathrm{T}} \boldsymbol{T}_k + \boldsymbol{h}_{k+1}^{\mathrm{T}} t_{k+1}) = \boldsymbol{P}_{k+1} (\lambda \boldsymbol{P}_k^{-1} \boldsymbol{\beta}_k + \boldsymbol{h}_{k+1}^{\mathrm{T}} t_{k+1})$$

$$= \boldsymbol{P}_{k+1} \left[(\boldsymbol{P}_{k+1}^{-1} - \boldsymbol{h}_{k+1}^{\mathrm{T}} \boldsymbol{h}_{k+1}) \boldsymbol{\beta}_k + \boldsymbol{h}_{k+1}^{\mathrm{T}} t_{k+1} \right]$$

$$= \boldsymbol{\beta}_k + \boldsymbol{P}_{k+1} \boldsymbol{h}_{k+1}^{\mathrm{T}} (t_{k+1} - \boldsymbol{h}_{k+1} \boldsymbol{\beta}_k) \tag{10.2.13}$$

通过上述过程便可以基于 SF-ELM 建立电源车传感器在线时间序列预测模型。

10.2.3　基于时间序列预测模型的传感器故障检测

在基于 SF-ELM 建立电源车传感器时间序列预测模型的基础上,通过预测模型的预测值$\bar{x}_{N+1}$和电源车传感器实际输出值x_{k+1}之间所形成的残差特征便可以实现传感器的故障检测。

算法 10.1　基于时间序列预测模型的电源车传感器故障检测算法。

步骤 1　根据电源车传感器所采集的历史数据,设置模型训练样本(x_1, t_1),

$(x_2,t_2),\cdots,(x_k,t_k)$，根据 $\boldsymbol{\beta}_k=\boldsymbol{P}_k\boldsymbol{H}_k^{\mathrm{T}}\boldsymbol{T}_k$ 计算初始输出权值 $\boldsymbol{\beta}_k$。

步骤 2　当新的训练样本 (x_{k+1},t_{k+1}) 加入模型时，对神经网络矩阵 $\boldsymbol{h}_{k+1}$ 进行更新，并利用 $\bar{x}_{N+1}=\boldsymbol{h}_{k+1}\boldsymbol{\beta}_k$ 对 x_N 进一步预测。

步骤 3　通过式(10.2.8)对 $\boldsymbol{P}_k$ 进行选择性更新。

步骤 4　利用更新后的 $\boldsymbol{P}_k$ 根据 $\boldsymbol{\beta}_{k+1}=\boldsymbol{\beta}_k+\boldsymbol{P}_{k+1}\boldsymbol{h}_{k+1}^{\mathrm{T}}(t_{k+1}-\boldsymbol{h}_{k+1}\boldsymbol{\beta}_k)$ 完成 $\boldsymbol{\beta}_k$ 的更新，其中 $t_{k+1}=x_{N+1}$。

步骤 5　在获取传感器预测值 $\bar{x}_{N+1}$ 的基础上，可通过预测模型预测值 $\bar{x}_{N+1}$ 和传感器测量值 x_{k+1} 之间的残差进行传感器的故障检测，公式为

$$\begin{cases} x_{k+1}-\bar{x}_{N+1}>\delta & \text{传感器发生故障} \\ x_{k+1}-\bar{x}_{N+1}<\delta & \text{传感器运行正常} \end{cases} \tag{10.2.14}$$

步骤 6　最后设 $k=k+1$，$N=N+1$ 后，当 $x_{k+1}-\bar{x}_{N+1}<\delta$ 时返回至步骤 2 继续检测，当 $x_{k+1}-\bar{x}_{N+1}>\delta$ 时则检测出传感器发生故障。

其中，δ 为传感器故障检测阈值。借助参考文献[9]中的方法，利用电源车传感器正常情况下的残差序列分布实现故障检测阈值的设定，阈值范围为 $[\eta-Z\sigma,\eta+Z\sigma]$，其中，$\eta$ 为传感器正常情况下残差序列均值；σ 为残差序列的方差。

虽然借助 SF-ELM 可以进行传感器在线故障检测，但由于 SF-ELM 依然为浅层学习算法，在时间序列数据的特征提取中仍然有可能丢失部分特征，无法进行长时间步数的预测，因此，接下来考虑引入深度学习算法，计划借助 Bi-LSTM 网络建立传感器时间序列预测模型。

10.3　基于改进 KL-Bi-LSTM 模型下的传感器故障检测方法

为了对传感器的异常进行可靠和精确的检测，本节引入了一种基于 KL 散度的新方法，用于检测传感器数据中的异常表现，同时借助双向长短时记忆(Bi-LSTM)网络作为建模框架的基础下，使用 KL 散度作为异常识别的指标，该方法不同于 10.2 节中直接监测残差变化进行故障检测，而是通过评估响应残差的概率密度函数的变化，即传感器异常检测的问题被处理为概率分布之间的距离度量进行故障检测。具体来说，本节的重点是利用改进后 KL 散度设计了一种增强的 Bi-LSTM 传感器异常检测方法。该方法主要考虑 KL 散度对两个概率分布之间相似性的高敏感度。因此，使用其作为传感器的异常指标是非常具有吸引力的。利用 KL 散度作为监测指标，识别两种概率分布之间的差异，实现异常的自动检测，特别是，KL 散度被用来量化基于 Bi-LSTM 的实际残差之间的相似性，并参考概率分布，传感器异常检测结果表明，本节所提出的方法在高度相关的传感器数据中具有良好的异常检测效果。

10.3.1 长短时记忆网络的相关理论

由于循环神经网络(recurrent neural network,RNN)会受到短时记忆的影响,无法有效将数据中信息特征从较早的时间步输送到未来的时间步。也就是说RNN可能从训练的一开始就会遗漏时序数据中比较重要的信息。而在反向传播期间,RNN又有可能面临梯度消失的问题。因此,在1997年Hochreiter等为了解决RNN训练过程中存在的梯度消失问题提出了一种具有门控机制的长短期记忆(long short term memory,LSTM)网络[10],作为RNN的衍生物,LSTM网络是目前非常有效的应对短时记忆问题的解决方案,通过调节信息流,可有效提取数据内部的时间特征。

该网络在学习复杂数据之间规律的基础上,能够保持时序数据的非线性关系,不会因为时间的推移而导致预测结果不稳定。其中记忆细胞具有自我连接,存储网络的时间状态,并通过3个门(输入门、输出门和遗忘门)进行控制。输入门和输出门的作用是控制存储单元输入和输出到网络其余部分的流量。这里的"门"为具有激活函数的全连接层,激活函数一般使用Sigmoid函数。此外,在记忆细胞中加入遗忘门,将前一个神经元权重高的输出信息传递给下一个神经元。其结构如图10.2所示(图中t为tanh函数)。

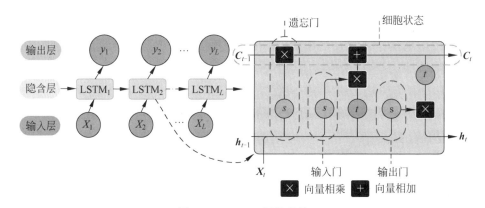

图 10.2　LSTM网络结构

遗忘门。遗忘门的功能是有选择性保留上一个记忆单元的状态,然后将处理过后的状态信息与输入门处理过的信息相加,形成新的记忆单元状态,其计算公式为

$$f_t = \text{sigmoid}(U_{fg}X_t + W_{hfg}h_{t-1} + b_f) \tag{10.3.1}$$

其中,W_{fg}为遗忘门的网络权值;W_{hfg}为上一个状态神经元到当前记忆模块遗忘门的网络权值;b_f为遗忘门的偏置。

输入门公式为

$$i_t = \text{sigmoid}(U_{ig}X_t + W_{hig}h_{t-1} + b_i) \tag{10.3.2}$$

输出门公式为

$$o_t = \text{sigmoid}(U_{og}X_t + W_{hog}h_{t-1} + b_o) \tag{10.3.3}$$

细胞状态单元为

$$C_t = C_{t-1} \otimes f_t + i_t \otimes (\tanh(U_c X_t + W_{hc}h_{t-1} + b_c)) \tag{10.3.4}$$

当前时刻的隐藏状态为

$$h_t = o_t \otimes \tanh C_{t-1} \tag{10.3.5}$$

其中,U_{fg}、U_{ig}、U_{og} 和 W_{hfg}、W_{hig}、W_{hog} 分别表示三分门的连接输入到隐含层、隐含层到隐含层之间单元的模型权值;b_f、b_i、b_o 为偏差变量;U_c、W_{hc}、b_c 为细胞状态单元连接输入到隐含层、隐含层到隐含层之间的权值以及偏差变量。这里的 h_{t-1} 表示前一时刻的隐含层单元,C_{t-1} 为前一时刻细胞的存储单元。通过式(10.3.2)就可以得到当前时刻细胞状态单元 C_t。

虽然 LSTM 能够解决 RNN 梯度消失的问题,但是其仍然采用了 RNN 时序正向建模型的方法,即 LSTM 在建立时间序列预测模型时只考虑了数据的历史信息,却没有考虑到未来的时序数据对建模精度的影响。因此,有学者提出了 Bi-LSTM。该模型同时考虑了时序数据中的历史信息特征和未来的信息特征,能够更加有效地提取时间序列数据的时序特征,因此,下节将引入 Bi-LSTM 网络进行故障检测模型的建立。

10.3.2　双向长短时记忆网络时间序列预测模型的建立

为了充分提取传感器输出数据之间的时序特征,在考虑电源车传感器输出时间序列数据内部时间相关性的前提下,本节引入一种基于数据驱动的 Bi-LSTM 网络,借助 Bi-LSTM 网络建立时间序列预测模型,然后在所建立时间序列预测模型的基础上,通过改进后的 KL 散度进行传感器故障检测。Bi-LSTM 网络结构如图 10.3 所示。

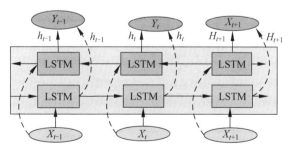

图 10.3　Bi-LSTM 网络结构

Bi-LSTM 的一个显著特征是计算单元之间的循环计算流。一个时间步长的计算单元输出作为另一个时间步长的单元输入的一部分。同时,Bi-LSTM 网络相较于传统的 LSTM 网络最大区别在于增加了一个具有负时间方向连接的反向隐含层单元,因此,模型的隐含层由前向隐含单元 $\vec{\boldsymbol{h}}_t = \{\vec{h}_t(1), \vec{h}_t(2), \cdots, \vec{h}_t(L)\}$ 和反向隐含单元 $\overleftarrow{\boldsymbol{h}}_t = \{\overleftarrow{h}_t(1), \overleftarrow{h}_t(2), \cdots, \overleftarrow{h}_t(L)\}$ 组成,在重构失效传感器的数据时同时考虑过去数据和未来数据,对于每个时间步长,计算单元之间的连接如下:前向隐含单元中 $\vec{\boldsymbol{h}}_t$ 在连接输入层 x_t 的同时还连接着 $t-1$ 时刻的隐含层单元 $\vec{\boldsymbol{h}}_{t-1}$;反向隐含单元中 $\overleftarrow{\boldsymbol{h}}_t$ 连接输入层 x_t 的同时还连接着 $t+1$ 时刻的隐含层单元 $\overleftarrow{\boldsymbol{h}}_{t+1}$;输出层 $\hat{y}_t$ 由前向隐含层单元 $\vec{\boldsymbol{h}}_t$ 和反向隐含层单元 $\overleftarrow{\boldsymbol{h}}_t$ 共同构成。最后,使用线性函数计算预测输出,公式为

$$\hat{y}_t = \vec{\boldsymbol{v}} \cdot \vec{\boldsymbol{h}}_t + \overleftarrow{\boldsymbol{v}} \cdot \overleftarrow{\boldsymbol{h}}_t + b \tag{10.3.6}$$

其中,$\vec{\boldsymbol{v}}$ 和 $\overleftarrow{\boldsymbol{v}}$ 为前向网络和反向网络隐含层到输出层的权值;b 为偏差变量。

Bi-LSTM 模型通过迭代调整其模型参数来优化训练,即使传感器测量输出数据 $\boldsymbol{y} = [y_1, y_2, \cdots, y_L]$ 与预测数据 $\hat{\boldsymbol{y}} = [\hat{y}_1, \hat{y}_2, \cdots, \hat{y}_L]$ 之间的差值的损失函数最小。初始化模型参数后,通过时间反向传播(back propagation through time, BPTT)算法对 Bi-LSTM 模型进行训练。对于每次迭代,BPTT 算法包括 3 个步骤:前向传递、后向传递和参数更新。在后向传递中,以输出值与真实值之间的偏差,即代价函数作为不断优化的目标,采用梯度下降算法不断最小化代价函数来完成,损失函数公式为

$$\text{Loss} = \frac{1}{L} \sum_{t=1}^{L} (y_t - \hat{y}_t)^2 \tag{10.3.7}$$

将时间序列 $\boldsymbol{X} = [X_1, X_2, \cdots, X_L]$ 输入到隐含层得到输出时间序列 $\boldsymbol{P} = (P_1, P_2, \cdots, P_L)$,然后通过优化最小损失函数及更新网络权重,得到最终的隐含层网络。然后利用训练好的 Bi-LSTM 网通过迭代依次类推,最终将得到电源车的传感器预测序列反标准化后为

$$\boldsymbol{P}_X = (P_{m+1}^*, P_{m+2}^*, \cdots, P_h^*) \tag{10.3.8}$$

然后通过两个性能指标来评价模型的性能,分别为平均绝对误差(mean absolute error,MAE)和均方根误差(root mean squared error,RMSE),对于最佳模型,MAE 的期望值为零,数学表达式为

$$\text{MAE} = \frac{1}{M} \sum_{i=1}^{M} |T_r - P_F| \tag{10.3.9}$$

$$\text{RMSE} = \sqrt{\frac{1}{M} \sum_{i=1}^{M} (T_r - P_F)^2} \tag{10.3.10}$$

该过程包括两个主要阶段:训练阶段和数据预测阶段。在训练阶段,使用从电源车系统正常运行时且假设传感器都正常工作时的"正常"状态中收集的时间序列传感器数据作为训练数据集。对训练数据进行预处理,即归一化和缩放。然后使用预处理的数据训练 Bi-LSTM 模型。在预测阶段,将训练后的 Bi-LSTM 模型用于预测传感器的实时输出,进而获得传感器实际输出与预测输出之间的残差。

通过检测传感器的残差过程,对电源车传感器进行异常检测,确保电源车平台的可靠性和安全性,然而,直接监测基于数据驱动的预测模型残差变化,无法对传感器的微小异常进行有效识别,从而延误传感器的故障检测。因此,考虑到 KL 散度对数据分布变化的敏感性,考虑引入 KL 散度进行传感器的故障检测。

为了对传感器的异常进行可靠和精确的检测,引入了 KL 散度并对其进行改进,KL 散度在信息论中也被称为相对熵,是一种重要的统计度量,可以用来量化两个概率密度函数之间的不相似性、可分性、可区分性或接近性,因为 KL 散度在理论和应用上相对简单,所以它被科学家和工程师广泛应用于各个学科,包括模式识别、图像处理、分类、异常检测和可检测性[11]。

定义 10.1 假设 $P_1(x)$ 和 $P_2(x)$ 是概率密度函数分别为 $P_1(x)$ 和 $P_2(x)$ 的两个概率分布。$P_1(x)$ 相对于 $P_2(x)$ 的 KL 散度,是用 $P_1(x)$ 近似 $P_2(x)$ 时丢失的信息来度量的,定义如下

$$\mathrm{KL}(P_1 \parallel P_2) = \int P_1(x) \ln \frac{P_1(x)}{P_2(x)} \mathrm{d}x = E_{p_i}\left[\ln \frac{P_1(x)}{P_2(x)}\right] \quad (10.3.11)$$

其中,i 表示分布上的期望算子;$\ln(\cdot)$ 是自然对数。

KL 散度对于离散和连续分布都是有效的。事实上,因为 KL 散度不是欧氏意义上的距离或度量,主要是因为两个分布之间的距离通常不是 $P_1(x)$ 和 $P_2(x)$ 的对称函数(即 $\mathrm{KL}(P_1 \parallel P_2) \neq \mathrm{KL}(P_2 \parallel P_1)$),图 10.4 为两个高斯分布的 KL 散度。

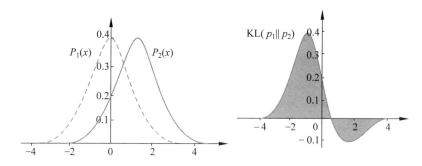

图 10.4 两个高斯分布之间的 KL 散度

因此,它只能被解释为一个伪距离度量,在正态分布的情况下,可以很容易地计算出不同正态分布之间的 KL 散度。但 KL 散度却无法有效应对单变量的正态分布的变化,因此,接下来将进行 KL 散度的改进工作。

10.3.3 基于改进 KL 散度的传感器故障检测

为了使 KL 散度能够应对电源车传感器的一维数据,简化 KL 散度的计算,本节将对 KL 散度公式进行改进,然后借助改进后的 KL 散度在所建立的 Bi-LSTM 模型的基础上,通过量化传感器正常时的概率密度函数与传感器故障时的概率密

度函数之间的距离,实现传感器故障的检测。

首先,假设已有长度为 m 的电源车时间序列数据 X,经过预处理后输入 Bi-LSTM 模型获得了未来 $m+h$ 步的预测输出 $X^*(m+h)$,然后通过计算传感器正常时所含的信息值的概率密度函数与传感器故障时的概率密度函数的距离,就能够得出可能检测的传感器故障。但由于 KL 散度不能够有效应对单变量正态分布的变化,使其无法良好地应用于传感器故障的判断中,因此考虑对 KL 散度进行改进。设电源车的 n 个测点传感器为 $X_1,X_2,\cdots,X_n$,时间序列预测模型的输出为 $\boldsymbol{P}_X^* = (P_{m+1}^*,P_{m+2}^*,\cdots,P_n^*)$,实际输出数据为 $\boldsymbol{P}_X = (P_{m+1},P_{m+2},\cdots,P_n)$,可得传感器的测量数据的残差为

$$\boldsymbol{R} = \boldsymbol{P}_X^* - \boldsymbol{P}_X \tag{10.3.12}$$

理想情况下,当系统无故障时,传感器的残差为零;反之,当其发生故障时,传感器的残差数据会偏离零值。然而,在电源车实际运行过程自身所配置的传感器会无法避免地存在测量噪声,即电源车没有发生故障时,传感器的实际输出也会与理想输出之间存在偏差。此时电源车传感器所含的信息熵可以定义为传感器实际输出与理想输出的残差数据的概率密度函数,此时的残差 R 的概率密度函数应该近似于测量噪声 ω 的概率密度函数,同时,它的先验概率密度函数可以估算为 $f_{X_i}(R)$。根据信息量的定义[12],残差数据序列 R 的信息量可以定义为 $I(R) = -\ln f_{X_i}(R)$。为了量化电源车传感器所含信息的复杂程度,可以引入信息熵进行度量,公式为

$$H(X_i) = -\int f_{X_i}(R)\ln f_{X_i}(R)\mathrm{d}R \tag{10.3.13}$$

此时,当电源车传感器发生故障时,传感器的实际输出必定会发生相应的变化,导致时间序列预测模型的预测输出与实际输出之间的残差发生变化,故障传感器的信息熵为 $H^{f_1}(X_i) = -\int f_{X_i}(R)\ln f_{X_i}(R)\mathrm{d}R$,它们之间的 KL 散度为

$$D(f_{X_i} \parallel f_{X_i}^{f_1}) = H(X_i) - H^{f_1}(X_i) = \int f_{X_i}(r_i)\ln \frac{f_{X_i}^{f_1}(r_i)}{f_{X_i}(r_i)}\mathrm{d}r_i \tag{10.3.14}$$

其中,$H(X_i)$ 为传感器正常时所包含的信息值;$H^{f_1}(X_i)$ 为传感器故障时时间序列所包含的信息值。KL 散度中残差概率密度函数难以估计所引起的计算复杂度较高的问题,引入改进后的信息熵公式,可得

$$H(X_i) = \frac{n}{2}(1 + \ln(2\pi)) + \frac{1}{2}\ln|\boldsymbol{\Sigma}_{X_i}| \tag{10.3.15}$$

将式(10.3.15)代入式(10.3.14)就可以得到新的 KL 散度的表达式为

$$\mathrm{KL}(f_{X_i} \parallel f_{X_i}^{f_1}) = H(X_i) - H^{f_1}(X_i)$$

$$
\begin{aligned}
&= \frac{n}{2}[1+\ln(2\pi)] + \frac{1}{2}\ln|\boldsymbol{\Sigma}_{X_i}| - \left\{\frac{n}{2}[1+\ln(2\pi)] + \frac{1}{2}\ln|\boldsymbol{\Sigma}_{X_i}^{f_1}|\right\} \\
&= \frac{1}{2}(\ln|\boldsymbol{\Sigma}_{X_i}| - \ln|\boldsymbol{\Sigma}_{X_i}^{f_1}|) \\
&= \frac{1}{2}\ln\frac{|\boldsymbol{\Sigma}_{X_i}|}{|\boldsymbol{\Sigma}_{X_i}^{f_1}|}
\end{aligned}
\tag{10.3.16}
$$

其中,$\boldsymbol{\Sigma}_{X_i}$ 为传感器实际输出数据的协方差矩阵;$\boldsymbol{\Sigma}_{X_i}^{f_1}$ 为 Bi-LSTM 模型预测数据的协方差矩阵。

为了解决传统 KL 散度忽略过程数据动态特性的问题,以及容易忽略时间序列数据微小偏移所引起的概率分布变化的问题,采用移动窗口技术设计了动态的 KL 组件,使得 KL 散度的相似性度量随预测数据区间动态变化,从而增强了传感器早期故障的判别能力,公式为

$$
D_L(f_{X_i}(s) \| f_{X_i}^{f_1}(s)) = \frac{1}{2}\ln\frac{|\boldsymbol{\Sigma}_{X_i}|}{|\boldsymbol{\Sigma}_{X_i}^{f_1}|} = \frac{1}{2}\ln\left|\frac{\sum\limits_{m+s}^{m+L+s}X_i}{\sum\limits_{m+s}^{m+L+s}X_i^{f_1}}\right|
\tag{10.3.17}
$$

传感器故障检测涉及两个阶段:离线建模阶段和在线检测阶段。首先,在离线建模阶段采集电源车平台的历史数据。然后,在线检测阶段收集新的测试样本,利用改进后的 KL 散度方法计算预测数据与观测数据的相关性,判断是否发生故障,具体步骤如下所述。

算法 10.2　基于改进 KL 散度的传感器故障检测。

1) 离线建模阶段

步骤 1　从历史数据库中收集传感器正常工况下的数据作为训练数据并进行标准化。

步骤 2　利用标准化后的数据进行 Bi-LSTM 网络的训练,使损失函数最小。

步骤 3　利用 Bi-LSTM 网络预测未来 $m+h$ 步的预测输出 $X^*(m+h)$。

步骤 4　利用改进后的 KL 散度计算预测序列 $P_X^* = (P_{m+1}^*, P_{m+2}^*, \cdots, P_n^*)$ 与传感器实际输出状态数据集之间的距离。

2) 在线检测阶段

步骤 1　收集在线测试数据,并根据训练数据进行缩放。

步骤 2　计算 Bi-LSTM 网络预测输出与实际观测数据在移动窗口内的 KL 散度。

步骤 3　然后将计算出的 KL 散度与正常传感器的 KL 散度进行对比,从而判断传感器是否发生故障。

步骤 4　新的采样时刻到来时,更新状态时间序列 P_X^*,将其输入 Bi-LSTM 模型得出预测状态 $X^*(m+h+1)$。

步骤5 再次进行步骤 2 的操作,从而判断传感器是否发生故障。

10.4 仿真实验与结果分析

10.4.1 电源车简介

电源车作为一种能源补给设备,拥有一套完整的电力供应系统,能够在野外和恶劣环境下独立为武器装备提供电力保障,是部队野外作训和应对战场复杂环境的能源保障设备。电源车系统中各个元器件之间具有强耦合及非线性等复杂特性,且长期跟随部队处于高海拔等复杂的自然环境下,系统中的各个元器件非常有可能出现异常甚至故障情况,若没有及时发现和处理元器件异常,可能导致武器装备电能中断,进而影响战场的局势。因此,有必要对电源车传感器进行故障检测和数据重构。然而,由于电源车投入部队使用时间较短,且恶劣的野外作训环境导致可供实验用的数据无法有效保存,所以,针对目前无法直接获取实验数据的设备,普遍采用类似于数字孪生技术的虚拟仿真平台,在原有设备的基础上通过构建相同属性的仿真平台,进行电源车运行状态的监测和相关实验的验证。基于此,本实验以我国已经装备部队的由兰州电源车辆研究所自主研发的某型号车载电源为研究对象,在已经构建的电源车仿真平台基础上,通过对其结构的分析,对电源车传感器的故障检测和数据重构进行相关研究。

以此电源车为研究对象,实验团队前期针对电源车系统进行了建模,将电源车模型分解为柴油机模型、同步发电机模型、调速器模型、励磁系统模型和系统负载,图 10.5 所示为电源车模块关系。

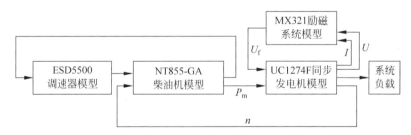

图 10.5　电源车模块关系

如图 10.5 所示,其中柴油机主要为发电机提供机械能,而调速器的作用则是保证柴油机能够平稳地运行在要求的状态下,励磁系统的主要作用为根据负荷的变化给同步发电机提供励磁电流,同步发电机则在相应的控制下利用机械功率的驱动发出电功率。文中所用数据主要从励磁系统和同步发电机采集,主要的电气变量包括有功功率、无功功率、功率因子、定子电压、定子电流、转子速度和励磁电压。

10.4.2 基于时间序列预测模型的电源车传感器故障检测

对于传感器的故障检测,本节以同步发电机的有功功率为仿真对象进行研究,将 SF-ELM 用于在线时间序列预测模型的建立,其中初始训练样本 t_r、嵌入维数 n、神经元个数 L、阈值 ε 和遗忘因子 λ 是影响预测精度和预测时间的主要因素,分别取 $t_r=100,200,300,n=4,5,6,L=10,20,30$ 及 $\varepsilon=0.01,0.02,0.03$,激活函数选 Sigmoid 函数,通过对比不同网络参数对预测结果的影响可以得到如表 10.1 所示的结果。

表 10.1 不同网络参数的预测结果

网 络 参 数	取 值	相对误差/%	计算时间/s
t_r	100	3.34	0.604
	200	1.87	0.793
	300	1.79	1.327
n	4	4.6	1.207
	5	7.7	0.852
	6	17.3	0.623
L	10	32.2	0.704
	20	6.3	0.957
	30	4.2	1.631
ε	0.01	0.97	0.946
	0.02	8.37	0.674
	0.03	19.11	0.563

从表 10.1 可以看出在 $t_r=200$ 时计算时间略高于 $t_r=100$ 的情况下,相对误差有了明显的降低。而 $t_r=300$ 相较于 $t_r=100$ 相对误差虽然也降低了,但计算时间却发生了明显的增加,因此确定初始训练阶段的训练样本数 $t_r=200$。同样可以从表 10.1 中得到嵌入维数 $n=5$ 时,其相对误差和计算时间较为均衡,以同样的方法也可以确定神经元个数 $L=20$。同时,从表 10.1 中也可以看到,当 $\varepsilon=0.01$ 时,相对误差最小,计算时间最长,当 $\varepsilon=0.02$ 和 $\varepsilon=0.03$ 时,虽然计算时间略微减少,但相对误差也有了明显的增加,因此,最后确定网络更新阈值 $\varepsilon=0.01$。

在时间序列预测模型中引入遗忘因子 λ 的目的是降低旧数据对模型的影响,间接提高新数据对模型的影响。不同 λ 取值对预测精度的影响如图 10.6 所示。

最后经过网络不断地迭代寻优,得到最佳的初始训练阶段训练样本数 $t_r=200$,网络中的神经元个数 $L=20$,最优的嵌入维数 $n=5$,P_k 的更新阈值为 $\varepsilon=0.01$,遗忘因子 $\lambda=0.92$,激活函数则选为 Sigmoid 函数。为了验证 SF-ELM 的预测精度,与传统 OS-ELM 进行对比,图 10.7 为 OS-ELM 所建立的在线故障检测模型。图 10.8 为 SF-ELM 所建立的在线故障检测模型。

从图 10.7 可以看出利用 OS-ELM 网络建立的电源车传感器时间序列预测模

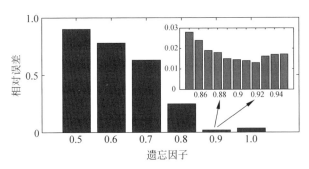

图 10.6　不同 λ 取值对预测精度的影响

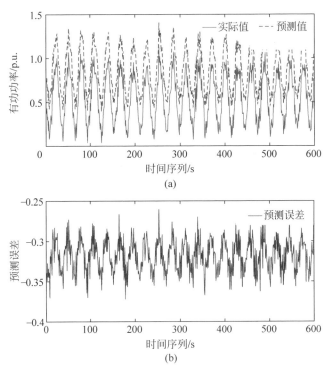

图 10.7　传感器正常工作时 OS-ELM 的预测结果及误差（见文后彩图）

(a) 预测值；(b) 预测误差

型的预测结果与无故障传感器实际输出存在一定偏差，预测误差较大。通过图 10.8 则可以看到借助 SF-ELM 网络建立传感器时间序列预测模型的预测结果和传感器实际输出偏差较小，即预测误差比较低。因此，通过对比可以得到由于 SF-ELM 网络对训练数据拥有选择和遗忘能力，使得其对电源车传感器时序特征的提取优于 OS-ELM，从而导致 SF-ELM 在时序预测中具有更好的预测能力。表 10.2 所示为时间序列预测模型 10 次测试结果的均值。

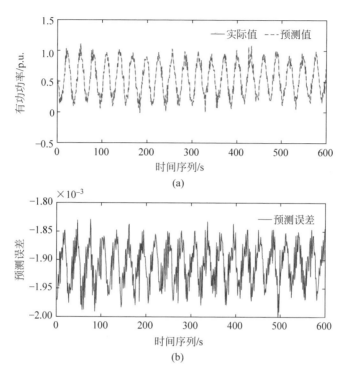

图 10.8　传感器正常工作时 SF-ELM 的预测结果及误差(见文后彩图)

(a) 预测值；(b) 预测误差

表 10.2　时间序列预测模型 10 次测试结果均值

算　　法	初始训练样本	相对误差/%	计算时间/s
OS-ELM	200	10.15	0.954 64
SF-ELM	200	1.01	0.856 89

从表 10.2 中两种算法的对比可以看出，由于 SF-ELM 算法在训练时加入了遗忘因子和参数的选择性更新，使得基于 SF-ELM 网络建立的时间序列预测模型比基于 OS-ELM 网络所建立的模型拥有更高的预测精度，也就是表中所表现出来的更低的相对误差。同时，其模型的预测时间也更短，因此，SF-ELM 网络更适合作为电源车传感器在线时间序列的预测模型。

对于电源车传感器故障检测时阈值的选择，在传感器实际输出数据与理想输出数据之间所形成残差符合高斯分布的基础上，通过一般正态性检验可得显著性水平为 0.02，从而说明电源车传感器所含残差的分布确实可近似为正态分布。由此可以获取传感器残差数据的均值和方差为

$$\mu = \frac{1}{n} \sum_{i=1}^{n} T_i$$

$$\sigma = \frac{1}{n-1} \sum_{i=1}^{n} (T_i - \mu)^2 \tag{10.4.1}$$

其中，T 为残差序列。

当置信度为 95% 时，显著性水平则为 $\alpha = 0.05$，由此可以得到相关系数满足 $Z = 1.6$，可得

$$p\{\bar{\eta} - Z\sigma < \eta < \bar{\eta} + Z\sigma\} = 1 - \alpha \tag{10.4.2}$$

从而可以得到阈值计算公式为

$$\delta = (\mu \pm 1.6\sigma) \tag{10.4.3}$$

最后参阅参考文献[9]并利用上述公式多次循环计算后确定故障检测阈值为 $[-0.26, 3.44]$。

传感器常见的动态故障有漂移偏差故障、固定偏差故障和精度下降故障，针对所研究的电源车传感器故障检测，以传感器常见的固定偏差故障进行仿真研究，然后通过所建立传感器时间序列预测模型的预测值和传感器实际输出值之间的残差变化判断传感器是否发生故障。如图 10.9 所示为有功功率传感器发生固定偏置故障时的预测值及残差。

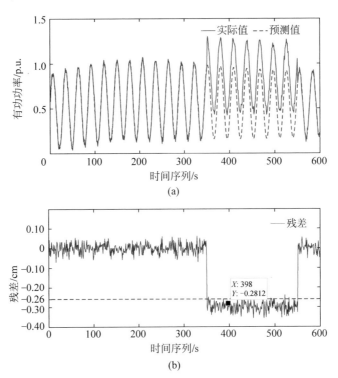

图 10.9　有功功率传感器发生固定偏差故障时的预测结果及残差（见文后彩图）

通过图 10.9(a)可以看出当传感器实际输出发生变化时，根据 SF-ELM 所建立时序预测模型的预测值依旧保持平稳输出，而预测值和传感器实际输出值之间

的残差则可以通过图 10.9(b)看到,当电源车传感器有功功率传感器发生固定偏差故障时,其对应的残差值也发生了相应的变化,且残差值的变化也超过了式(10.4.3)所确定的传感器故障检测预测值[-0.26,3.44]。从而可以得出本章所引入的 SF-ELM 方法建立的传感器时序预测模型能够很好地预测传感器输出,在相应的故障检测阈值的设定下,能够有效地通过残差值的变化实现传感器的故障检测。

10.4.3 基于改进 KL-Bi-LSTM 模型下的传感器故障检测

在数据集的划分上,由于本章研究的电源车传感器数据属于时间序列数据 $T=(f_1,f_2,\cdots,f_n)$,其在时间顺序上具有高度相关的特性,不适合将数据进行打乱训练。所以,本节在进行模型训练之前将传感器的时序数据以时间的顺序划分为训练集和测试集,训练集所占的比例为 70%,而测试集占 30%,分别为训练集 $P_r=[f_1,f_2,\cdots,f_m]$,测试集 $T_r=[f_{m+1},f_{m+2},\cdots,f_n]$,其中 $m<n$。同时需要对输入数据进行标准化处理,目的是消除由于量纲不同及不同传感器数值范围的差距过大而引起的误差。为了构建模型训练所需的数据集,本节通过滑动窗口算法截取电源车传感器数据子序列,窗口长度设为 L。

通过考虑时间维度建立子模型,将 Bi-LSTM 用于有功功率时间相关预测模型的建立,创建 Bi-LSTM 回归网络,随机梯度优化算法选择常用的 Adam,时序预测模型的建立时的迭代次数设为 40 次,同时为了防止预测模型训练时容易出现的梯度爆炸问题,将梯度阈值设置为 1,指定初始学习率 0.005,在 20 次迭代后通过乘以因子 0.02 来降低网络训练时的学习率。为了说明 Bi-LSTM 网络具有更好的预测性能,使用训练数据集分别对 Bi-LSTM 网络及 LSTM 进行训练,如图 10.10 所示为两种模型训练时的损失函数,图 10.11 为两个模型预测时的误差。

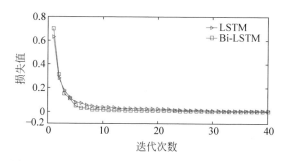

图 10.10 两种模型训练时的损失函数(见文后彩图)

由图 10.10 和图 10.11 可知 Bi-LSTM 与 LSTM 模型训练稳定后,其损失函数分别为 0.0023 和 0.0089,且 Bi-LSTM 模型的预测误差的波动范围也小于传统的 LSTM 网络,Bi-LSTM 模型在保持较快收敛速度的同时,还具备更低的损失值,对传感器的输出进行预测时也拥有更小的预测误差。由此可知,Bi-LSTM 模型由

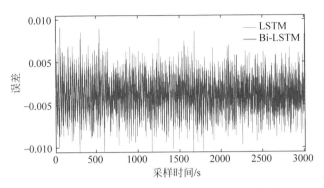

图 10.11　两个模型预测时的误差(见文后彩图)

于其考虑了过去和未来两个时间段方向的数据信息特征,使其在传感器预测模型建立时具有更好的时序特征记忆效果,对电源车传感器的输出能够更好地学习和预测。

在建立的时间序列预测模型的基础上,借助改进后的 KL 散度作为传感器故障检测指标对传感器实际输出与预测模型输出之间的相似性进计算,公式为

$$D_L(f_{X_i}(s) \parallel f_{X_i}^{f_1}(s)) = \frac{1}{2}\ln\frac{|\boldsymbol{\Sigma}_{X_i}|}{|\boldsymbol{\Sigma}_{X_i}^{f_1}|} = \frac{1}{2}\ln\frac{\left|\sum\limits_{m+s}^{m+L+s} X_i\right|}{\left|\sum\limits_{m+s}^{m+L+s} X_i^{f_1}\right|} \tag{10.4.4}$$

首先计算传感器正常时其输出数据与 Bi-LSTM 模型预测输出之间的 KL 散度,然后计算传感器发生固定偏差故障、漂移偏差故障和精度下降这些不同故障时,预测模型输出数据与故障传感器输出数据之间的 KL 散度,得到如图 10.12 所示传感器正常时和传感器故障时的 KL 散度(KLD)。

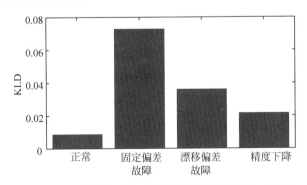

图 10.12　传感器正常时和传感器故障时的 KL 散度

从图 10.12 可以看出,使用 KL 散度作为异常识别的指标,在 Bi-LSTM 网络预测的基础上,考虑到 KL 散度对两个概率分布之间相似性的高敏感度,利用 KL

散度作为监测指标,可以得出当传感器分别发生固定偏差故障、漂移偏差故障和精度下降时,其 KL 散度相较于传感器正常时的 KL 散度,都发生了明显的变化,且不同故障所导致的 KL 散度值不同,得出 KL 散度对数据分布变化的高敏感度在高度相关的传感器数据中具有良好的异常检测效果。

10.5 本章小结

　　针对电源车传感器故障检测,本章首先利用浅层学习网络 SF-ELM 建立传感器时间序列预测模型,通过阈值的选取,借助电源车传感器的实际输出与时间序列预测模型的预测输出之间的残差实现了电源车传感器的故障检测。其次为了更加准确地提取传感器时序特征,考虑深度学习网络 Bi-LSTM 良好的时序记忆功能,建立基于 Bi-LSTM 网络的电源车传感器时间序列预测模型,同时为了弥补传感器故障检测时阈值选取带来的局限性,考虑 KL 散度对故障传感器数据概率分布函数变化的敏感度,引入改进后的 KL 散度作为传感器故障检测标准,量化了传感器的故障检测过程,并能够有效区分不同的传感器故障。在通过电源车仿真平台提取数据的基础上借助 Matlab 仿真实验,结果表明,在电源车传感器发生故障时,根据本章所建立的传感器时间序列预测模型能够较为准确地预测传感器输出,然后利用改进后的 KL 散度作为传感器故障检测指标能够有效进行电源车传感器的故障检测。

参考文献

[1] JEONG S,FERGUSON M,HOU R,et al. Sensor data reconstruction using bidirectional recurrent neural network with application to bridge monitoring[J]. Advanced Engineering Informatics,2019,42(10):1-14.

[2] XIAO Y,YIN H,ZHANG Y,et al. A dual-stage attention-based Conv-LSTM network for spatio-temporal correlation and multivariate time series prediction[J]. International Journal of Intelligent Systems,2021,36(5):2036-2057.

[3] ELNOUR M,MESKIN N,AL-NAEMI M. Sensor data validation and fault diagnosis using auto-associative neural network for HVAC systems[J]. Journal of Building Engineering,2020,27:100935.

[4] NASROLAHI S S,ABDOLLAHI F. Sensor fault detection and recovery in satellite attitude control[J]. Acta Astronautica,2018,145(4):275-283.

[5] XIAO Y,YIN H,ZHANG Y,et al. A dual-stage attention-based Conv-LSTM network for spatio-temporal correlation and multivariate time series prediction[J]. International Journal of Intelligent Systems,2021,36(5):2036-2057.

[6] HUANG G B,ZHU Q Y,SIEW C K. Extreme learning machine:theory and applications [J]. Neurocomputing,2006,70(1/2/3):489-501.

[7] 张弦,王宏力. 具有选择与遗忘机制的极端学习机在时间序列预测中的应用[J]. 物理学

报,2011,60(8):74-80.

[8]　SMEJKAL T,MIKYŠKA J. Efficient solution of linear systems arising in the linearization of the VTN-phase stability problem using the Sherman-Morrison iterations[J]. Fluid Phase Equilibria,2021,527:1-12.

[9]　蒋栋年,李炜.基于自适应阈值的粒子滤波非线性系统故障诊断[J].北京航空航天大学学报.2016.42(10):2099-2106.

[10]　HOCHREITER S, SCHMIDHUBER J. Long short-term memory [J]. Neural Computation,1997,9(8):1735-1780.

[11]　CHEN H,CHUNG A,NORBASH A,et al. Multi-modal image registration by minimizing Kullback-Leibler distance between expected and observed joint class histograms[J]. IEEE Computer Society Conference on Computer Vision and Pattern Recognition,2003,2(2):570.

[12]　SEKERKA R F. Entropy and information theory[J]. Thermal Physics,2015:247-256.

第11章

基于空间相关性的电源车传感器数据重构方法

11.1 引言

在实现电源车传感器故障检测的基础上，为了进一步提升整个电源车系统的安全性和可靠性，有必要对故障传感器的失效数据进行重构。目前针对故障传感器的数据重构，主要通过机器学习算法挖掘多个传感器之间的空间相关特征，利用空间特征建立传感器数据重构模型。然而，相关研究在进行传感器数据重构模型建立之前没有充分考虑不同传感器变量之间更深层次的联系，缺乏对传感器空间相关性的有效量化评价，以及数据恢复时辅助变量的优选，进而制约了机器学习算法在多传感器数据重构中的应用。同时，现有的传感器数据重构时所建立的重构模型的结构一般比较复杂且需要离线训练，缺乏实时更新的能力。随着时间的推移，重构值会逐渐偏离真实数值，导致预测值的可靠性越来越低，只能进行短时间的数据重构。通过分析电源车模型中所配置传感器之间的相关性，有效度量不同传感器间空间相关性，是电源车传感器进行数据准确重构的前提条件。然而，如何更有效地对电源车不同传感器之间的空间相关性进行量化评价仍是存在的问题之一。对于空间相关性的度量目前普遍采用欧氏距离、核函数、皮尔逊相关系数等距离度量方式计算，然而，该类样本度量方法只能够度量电源车传感器之间的线性相关程度，无法有效应对不同传感器之间的非线性相关程度，使得该类方法不能够有效作为电源车传感器之间空间相关性量化评价时的指标。

因此,为了更加准确地量化评价传感器之间的空间相关性,获取准确的空间特征,本章考虑借助互信息熵方法不依赖于数据序列的特点,拟引入互信息熵量化评价传感器数据的空间相关性,同时为了解决传统互信息熵计算复杂度问题,有针对性地对互信息熵计算方法进行简化改进,借助改进后的公式准确地计算出不同传感器之间的互信息熵,然后通过筛选与主导变量相关性较高的辅助变量,得到最优的辅助传感器,最后通过筛选出的最优辅助变量利用 ELM 算法进行电源车传感器的数据重构。

11.2　基于信息熵理论的电源车传感器冗余度量化评价

11.2.1　信息熵相关理论

信息论作为通信领域的一种数学理论,在 Shannon 的经典论文中通过引入一种包括无记忆源和信道的通信系统模型,发现信息论能够实现信息的自我度量,并取得了非常好的效果[1-2]。熵是一个热力学中的名词,Hartley 曾提出将其作为随机信号中信息的度量[3]。Shannon 定义了离散时间离散字母随机过程 $\{X_n\}$ 的熵,用 $H(X)$ 来表示,并提出了另外一个概念,即过程的熵是过程中的信息量。Shannon 对随机变量和过程的熵概念的研究为信息论和现代遍历理论提供了开端。从而可以得到,熵和相关信息度量能够为随机过程的长期行为提供重要的描述,同时能够作为发展信息论编码定理的一个关键因素。

为了引入熵的概念,我们根据基本信息论的常用定义,使得 (Ω,B,P,T) 作为一个动力系统,定义 f 为一个简单的函数,并定义了单侧随机过程 $f_n=fT^n(n=0,1,2,\cdots)$。该过程被视为原始空间的编码,即通过变换(如位移)空间的点来产生连续的编码值,每次使用相同的规则或者映射产生输出符号。构造这个过程的等价的直接给定的模型或 Kolmogorov 模型。用 $A=\{a_1,a_2,\cdots,a_{\|A\|}\}$ 表示 f 的有限字母表,(A^Z,B_A^Z) 作为生成的单侧序列空间,其中 B_A 为幂的集和。把这个序列空间的符号缩写为 (A^∞,B_A^∞)。T_A 表示这个空间上的位移,让 X 表示时间零点采样或坐标函数,同时定义 $X_n(x)=X(T_A^n x)=x_n$。使 m 表示由原始空间和 fT^n 引起的过程分布,即 $m=P_{\bar{f}}=P\bar{f}^{-1}$,同时 $\bar{f}(\omega)=(f(\omega),f(T\omega),f(T^2\omega),\cdots)$。通过构造和改变输入点产生的输出序列也会改变,也就是说

$$\bar{f}(T\omega)=T_A\bar{f}(\omega) \tag{11.2.1}$$

这种形式的序列值测量被称为平稳或不变编码,在有移位的情况下则被称为时不变或移位不变编码,因为编码会随着输入点的变换而转换。有限字母测量的熵仅取决于过程分布,因此通常更容易用直接给出的模型和过程分布来表示。然而,就目前而言,这个定义可以用任何一种系统来表述。底层系统的熵被定义为系

统所有有限字母编码的熵率的上界,在概率空间上的离散字母随机变量 f 的熵 (Ω, B, P) 定义如下

$$H_P(f) = -\sum_{a \in A} P(f=a) \ln P(f=a) \qquad (11.2.2)$$

式(11.2.2)中,将 0ln0 定义为 0。我们将经常使用底数为 2 的对数,而不是自然对数。因为当使用自然对数时,熵的单位是 nat,对于以 2 为底的对数,熵的单位是"位"。自然对数通常更便于数学公式的计算,而以 2 为底的对数则在数学计算中提供了更直观的描述。一个离散的字母表随机变量 f 有一个概率质量函数(pmf),如 p_f,定义 $p_f(a) = P(f=a) = P(\{\omega: f(\omega)=a\})$,则可以得出

$$H(f) = -\sum_{a \in A} p_f(a) \ln p_f(a) \qquad (11.2.3)$$

通常认为熵不是 f 的特定输出函数,而是作为 f 引起的 Ω 的分区函数。此外,假设 f 的字母表是 $A = \{a_1, a_2, \cdots, a_{\|A\|}\}$,并定义 $X = \{x_i; i=1,2,\cdots,\|A\|\}$ 划分为 $x_i = \{\omega: f(\omega)=a_i\} = f^{-1}(\{a_i\})$。换句话说,$X$ 由不相交的集合组成,这些集合将 Ω 根据测量 f 产生的输出进行组合。通过考虑熵可以得到信息熵公式的离散形式为

$$H(X) = -\sum_{i=1}^{\|A\|} P(x_i) \ln P(x_i) \qquad (11.2.4)$$

此时,如果熵的遍历分解是一个平稳的动力系统,对应于一个平稳的序列 x_n,$H(X)$ 是可积的,则可以得到信息熵公式的连续形式为

$$H(X) = -\int p(x_i) \ln p(x_i) \mathrm{d}x_i \qquad (11.2.5)$$

11.2.2　基于信息熵理论的传感器信息值量化评价

设电源车系统中配置了 n 个测点传感器 $S_1, S_2, \cdots, S_n$,传感器的期望输出数据为 $\hat{x}_1, \hat{x}_2, \cdots, \hat{x}_n$,传感器实际输出数据为 $x_1, x_2, \cdots, x_n$,从而得到电源车传感器在测量时形成的一个残差序列数据为

$$r_i = x_i - \hat{x}_i \qquad (11.2.6)$$

在实际的电源车运行及传感器测量过程中,由于环境影响和传感器自身所存在的固有测量噪声,会导致传感器的测量数据中包含一定的噪声干扰,即使电源车传感器未发生故障,传感器的实际测量输出值与传感器的理想输出值之间也会产生一定的微小偏差。在此前提条件下,电源车传感器自身所含的信息熵就可以被定义为传感器的期望输出值与实际输出值之间所形成残差数据的概率密度函数,与此同时,残差数据的先验概率密度函数可以被估算为 $f_{S_i}(r_i)$。根据信息量的定义[4],残差数据序列 r_i 所含的信息量可以定义为 $I(r_i) = -\ln f_{S_i}(r_i)$。为了能够有效量化残差序列所含信息值的复杂程度,考虑引入信息熵公式进行量化评价,公式为

$$H(S_i) = -\int f_{S_i}(r_i)\ln f_{S_i}(r_i)\mathrm{d}r_i \tag{11.2.7}$$

由信息熵的定义可知,必须知道变量的概率密度才能够对信息熵进行计算,为了更加合理地减少信息熵的计算复杂度,需要对概率密度函数进行估计。一般情况下,残差 r_i 的分布特性可近似服从高斯分布,假如残差序列的概率密度函数服从单峰的偏移高斯分布特性,可采用 BOX-COX 变换矫正波形偏移[5]。若概率密度函数呈现非高斯的多峰分布形态,则需要运用高斯混合模型近似传感器的数据统计模型,将其分布特性统一在一定的假设范围内,假定 n 变量的概率密度函数为

$$f_{S_i}(r_i) = \frac{1}{\sqrt{(2\pi)^n \mid \boldsymbol{\Sigma} \mid}}\exp\left(-\frac{1}{2}(r_i-\boldsymbol{\mu})^{\mathrm{T}}\boldsymbol{\Sigma}^{-1}(r_i-\boldsymbol{\mu})\right) \tag{11.2.8}$$

其中,$\boldsymbol{\Sigma}$ 为多元正态分布的协方差矩阵;$\boldsymbol{\mu}$ 为正态分布的均值向量。

此时便可以借助式(11.2.7)的信息熵公式对传感器所含的信息值进行量化评价,然而由于电源车运行的非线性复杂特性,使得传感器的信息熵值的计算较为复杂,因此,需要对传统的信息熵公式进行简化改进,便于后续的相关计算推导。

定理 11.1 对于配置了 n 个测量电源车电气设备运行状态的传感器 S_1,S_2,$\cdots$,S_n,其传感器 S_i 所含残差序列的信息熵值为

$$H(S_i) = \frac{n}{2}(1+\ln(2\pi)) + \frac{1}{2}\ln \mid \boldsymbol{\Sigma} \mid \tag{11.2.9}$$

其中,$\boldsymbol{\Sigma}$ 为传感器多元分布的协方差矩阵。

证明 已知电源车传感器 S_i 的残差序列为 $\boldsymbol{r}_i$,所含的信息量为 $-\ln f_{S_i}(\boldsymbol{r}_i)$,其自身所含的信息熵为

$$H(S_i) = -\int f_{S_i}(\boldsymbol{r}_i)\ln f_{S_i}(\boldsymbol{r}_i)\mathrm{d}r_i \tag{11.2.10}$$

对于任意的高斯分布 $r_i \sim N(\boldsymbol{\mu},\boldsymbol{\Sigma})$,称 $\boldsymbol{y} = \boldsymbol{\Sigma}^{-\frac{1}{2}}[\boldsymbol{r}_i - \boldsymbol{\mu}]$ 为马哈拉诺比斯变换[6],其中 $\boldsymbol{y} \sim N(0,I_k)$,也就是说 $\boldsymbol{y}$ 的概率密度近似于标准的高斯分布。同时,已知式(11.2.8)为 n 变量的正态分布的概率密度函数,且 $\boldsymbol{r}_i = \boldsymbol{\Sigma}^{\frac{1}{2}}\boldsymbol{y} + \boldsymbol{\mu}$,$J = \det\left[\dfrac{\partial \boldsymbol{r}_i}{\partial \boldsymbol{y}^{\mathrm{T}}}\right] = \mid \boldsymbol{\Sigma} \mid^{\frac{1}{2}}$,通过变量代换可以得到

$$f(y) = (2\pi)^{-\frac{n}{2}}\exp\left[-\frac{1}{2}\boldsymbol{y}^{\mathrm{T}}\boldsymbol{y}\right] \tag{11.2.11}$$

然后将式(11.2.8) n 变量的概率密度函数和式(11.2.11)引入信息熵公式(11.2.10),经过推导可以得到信息熵的公式为

$$H(S_i) = -\int f_{S_i}(r_i)\ln f_{S_i}(r_i)\mathrm{d}r_i$$

$$= -\int f_{S_i}(r_i)\ln\left[(2\pi)^{-\frac{n}{2}} \mid \boldsymbol{\Sigma} \mid^{-\frac{1}{2}}\exp\left[-\frac{1}{2}(r_i-\boldsymbol{\mu})^{\mathrm{T}}\boldsymbol{\Sigma}^{-1}(r_i-\boldsymbol{\mu})\right]\right]\mathrm{d}r_i$$

$$= -\int f_{S_i}(r_i)\left[\ln((2\pi)^{-\frac{n}{2}}\mid \boldsymbol{\Sigma}\mid^{-\frac{1}{2}}) - \frac{1}{2}(r_i-\boldsymbol{\mu})^{\mathrm{T}}\boldsymbol{\Sigma}^{-1}(r_i-\boldsymbol{\mu})\right]\mathrm{d}r_i$$

$$= \ln((2\pi)^{\frac{n}{2}}\mid \boldsymbol{\Sigma}\mid^{\frac{1}{2}}) + \frac{1}{2}\int f_{S_i}(r_i)\left[(r_i-\boldsymbol{\mu})^{\mathrm{T}}\boldsymbol{\Sigma}^{-1}(r_i-\boldsymbol{\mu})\right]\mathrm{d}r_i$$

$$= \ln\left((2\pi)^{\frac{n}{2}}\mid \boldsymbol{\Sigma}\mid^{\frac{1}{2}}\right) + \frac{1}{2}\int f_{S_i}(r_i)\times \boldsymbol{y}^{\mathrm{T}}\boldsymbol{y}\mathrm{d}y = \ln\left((2\pi)^{\frac{n}{2}}\mid \boldsymbol{\Sigma}\mid^{\frac{1}{2}}\right) + \frac{1}{2}\sum_{i=1}^{k}E\left[y_i^2\right]$$

$$= \ln\left((2\pi)^{\frac{n}{2}}\mid \boldsymbol{\Sigma}\mid^{\frac{1}{2}}\right) + \frac{n}{2}$$

$$= \frac{n}{2}(1+\ln(2\pi)) + \frac{1}{2}\ln\mid \boldsymbol{\Sigma}_{S_i}\mid \tag{11.2.12}$$

其中，$\boldsymbol{\Sigma}$ 为多元正态分布的协方差矩阵；$\boldsymbol{\mu}$ 为正态分布的均值向量。

经过上面的定理可以发现，如果所要研究的传感器输出的数据序列维数 n 已知，则关于多元分布的信息熵值的计算就会转换为空间协方差矩阵的函数，此时，只需计算出传感器 S_i 所含残差序列数据的协方差矩阵，就能够通过改进后的信息熵公式(11.2.12)得到传感器所含的信息熵值。

11.2.3 基于改进互信息熵的传感器相关性量化评价

互信息熵是经过信息熵公式的发展和进一步衍生得到的，其可以想象成某个随机变量自身所拥有的信息量中存在其他随机变量所含的信息量，通常适用于衡量离散型变量、连续型变量、线性或者非线性变量之间共有信息量的多少。而目前所研究的电源车运行过程中传感器的数据重构问题，需要有效量化不同传感器之间的空间相关性，因此，可以考虑采用互信息熵进行传感器相关性量化评价，此时电源车不同传感器之间的互信息熵公式为

$$I(S_i,S_j) = -\iint f(r_i,r_j)\ln\frac{f(r_i,r_j)}{f_{S_i}f_{S_j}}\mathrm{d}r_i\mathrm{d}r_j \tag{11.2.13}$$

其中，$f(r_i,r_j)$ 为传感器 S_i 所含信息值与传感器 S_j 所含信息值的联合概率分布。

如图 11.1 所示为互信息熵的文氏图。

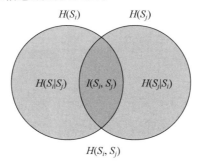

图 11.1　信息熵文氏图

　　虽然互信息熵能够量化评价不同传感器之间的相关性,但是在计算过程中同样面对联合概率密度分布估算难的问题,导致计算过程过于复杂,不利于传感器的数据重构,因此需要对互信息熵公式进行简化改进。

　　定理 11.2　对于电源车所配置的 n 个测点传感器 $S_1,S_2,\cdots,S_n$,其传感器 S_i 和传感器 S_j 之间的互信息熵值为

$$I(S_i,S_j)=\frac{1}{2}\ln\frac{|\boldsymbol{\Sigma}_{S_i}|}{|\boldsymbol{\Sigma}_{S_i|S_j}|} \tag{11.2.14}$$

其中,$\boldsymbol{\Sigma}_{S_i}$ 为传感器 S_i 的协方差矩阵;$\boldsymbol{\Sigma}_{S_i|S_j}$ 为 S_i 相对于 S_j 的条件协方差矩阵。

　　证明　已知电源车传感器 S_i 的残差为 r_i,传感器 S_j 的残差为 r_j,则传感器 S_i 和传感器 S_j 之间的互信息熵为

$$I(S_i,S_j)=-\iint f(r_i,r_j)\ln\frac{f(r_i,r_j)}{f_{S_i}f_{S_j}}\mathrm{d}r_i\mathrm{d}r_j \tag{11.2.15}$$

　　互信息熵还可以通过另一种公式表达

$$I(S_i,S_j)=H(S_i)-H(S_i|S_j) \tag{11.2.16}$$

其中,$H(S_i|S_j)$ 为条件熵,表示在已知传感器 S_j 所含信息值的基础上,传感器 S_i 所含信息值的不确定度,其反映了不同传感器变量之间的依赖性,其计算公式为

$$H(S_i|S_j)=H(S_i,S_j)-H(S_j) \tag{11.2.17}$$

其中,$H(S_i,S_j)$ 为联合熵;$H(S_j)$ 为传感器 S_j 的信息熵。

　　由式(11.2.16)可知,如果想要计算出不同传感器之间的互信息熵值,前提条件是计算出条件熵 $H(S_i|S_j)$。在 11.2.2 节中已经充分分析无故障情况下电源车传感器所含残差序列服从高斯分布的基础上,可以进一步假设传感器 S_i 的残差序列和传感器 S_j 的残差之间具有协方差的联合正态性,可表示为

$$\boldsymbol{\Sigma}_{S_i\cup S_j}=\begin{pmatrix}\boldsymbol{\Sigma}_{S_i} & \boldsymbol{\Sigma}_{S_i\cdot S_j}\\ \boldsymbol{\Sigma}_{S_j\cdot S_i} & \boldsymbol{\Sigma}_{S_j}\end{pmatrix} \tag{11.2.18}$$

其中,$\boldsymbol{\Sigma}_{S_i}$ 和 $\boldsymbol{\Sigma}_{S_j}$ 分别为 S_i 和 S_j 的协方差矩阵;$\boldsymbol{\Sigma}_{S_i\cdot S_j}$ 为互协方差矩阵。

　　根据式(11.2.12)和式(11.2.18)可以得到条件熵的另一个表达式为

$$H(S_i|S_j)=H(S_i,S_j)-H(S_j)$$

$$=\frac{n}{2}(1+\ln(2\pi))+\frac{1}{2}\ln\frac{|\boldsymbol{\Sigma}_{S_i\cup S_j}|}{|\boldsymbol{\Sigma}_{S_j}|}$$

$$=\frac{n}{2}(1+\ln(2\pi))+\frac{1}{2}\ln|\boldsymbol{\Sigma}_{S_i|S_j}| \tag{11.2.19}$$

其中,$\boldsymbol{\Sigma}_{S_i|S_j}$ 为 S_i 相对于 S_j 的条件协方差矩阵。

　　根据式(11.2.12)、式(11.2.17)和式(11.2.19)可以得到传感器 S_i 和传感器 S_j 之间的互信息为

$$I(S_i, S_j) = H(S_i) - H(S_i \mid S_j)$$

$$= \frac{n}{2}(1 + \ln(2\pi)) + \frac{1}{2}\ln|\boldsymbol{\Sigma}_{S_i}| - \left[\frac{n}{2}(1 + \ln(2\pi)) + \frac{1}{2}\ln|\boldsymbol{\Sigma}_{S_i \mid S_j}|\right]$$

$$= \frac{1}{2}(\ln|\boldsymbol{\Sigma}_{S_i}| - \ln|\boldsymbol{\Sigma}_{S_i \mid S_j}|)$$

$$= \frac{1}{2}\ln\frac{|\boldsymbol{\Sigma}_{S_i}|}{|\boldsymbol{\Sigma}_{S_i \mid S_j}|} \tag{11.2.20}$$

而条件协方差矩阵 $\boldsymbol{\Sigma}_{S_i \mid S_j}$ 可以用下式求取:

$$\boldsymbol{\Sigma}_{S_i \mid S_j} = \boldsymbol{\Sigma}_{S_i} - \boldsymbol{\Sigma}_{S_i, S_j}\boldsymbol{\Sigma}_{S_j}^{-1}\boldsymbol{\Sigma}_{S_j, S_i} \tag{11.2.21}$$

11.2.4　基于信息熵理论的辅助变量筛选

通过借助改进后的互信息熵公式,对电源车不同传感器之间的空间相关性进行量化评价,然后在计算出传感器互信息熵值的基础上,引入最优特征算法对传感器数据重构时的辅助变量进行筛选,通过评价函数 $J(S)$ 对互信息熵值进行评价,然后根据函数值的大小选择与主导变量函数值较高的前 k 个辅助变量作为子集 S,评价函数算法如下:

$$J(S_i) = I(S_i, c) \tag{11.2.22}$$

其中,$S_i \in F$ 表示辅助变量;c 表示主导变量。

此时,在借助改进后的互信息熵及最优特征算法筛选出最优辅助变量后,便可以利用传统的 ELM 网络建立基于空间相关的传感器数据重构模型,进而实现故障传感器的数据重构。

算法 11.1　基于互信息熵辅助变量筛选的电源车传感器数据重构算法。

步骤 1　将有功功率传感器输出为主导变量,其余正常传感器作为辅助变量,利用改进后的互信息熵和最优特征算法对辅助变量进行排序和优选。

步骤 2　将筛选出的前 k 个最优辅助变量作为 ELM 的输入,主导变量也就是有功功率的输出作为 ELM 的输出。

步骤 3　将最优辅助变量与主导变量正常输出的历史数据作为模型的训练样本,训练获得 ELM 网络的输出权值。

步骤 4　以电源车传感器实时记录的辅助变量作为 ELM 网络的输入,通过计算映射即可实现故障传感器失效数据的重构。

11.3　仿真实验与结果分析

在实现电源车有功功率传感器故障检测的基础上,本章将以有功功率作为传感器数据重构时的主导变量,其余的传感器数据作为数据重构时的辅助变量,首先通过改进后的互信息熵公式计算不同传感器之间的空间相关性,根据式(11.2.20)可以得到电源车传感器之间的互信息熵值,如表 11.1 所示。

表 11.1　电源车传感器之间的互信息熵值

	有功功率	无功功率	功率因子	定子电流
有功功率	—	1.3201×10^{-4}	3.6484×10^{-5}	1.3473×10^{-4}
无功功率	1.3201×10^{-4}	—	3.1738×10^{-4}	5.1552×10^{-5}
功率因子	3.6484×10^{-5}	3.1738×10^{-4}	—	1.2910×10^{-4}
定子电流	1.3473×10^{-4}	5.1552×10^{-5}	1.2910×10^{-4}	—
定子电压	1.5541×10^{-4}	1.3239×10^{-4}	3.9005×10^{-4}	1.9872×10^{-4}
转子速度	3.1343×10^{-6}	2.5767×10^{-5}	7.3856×10^{-5}	3.0838×10^{-5}
励磁电压	3.3021×10^{-5}	2.6637×10^{-5}	8.5718×10^{-5}	1.0739×10^{-4}

	定子电压	转子速度	励磁电压
有功功率	1.5541×10^{-4}	3.1343×10^{-6}	3.3021×10^{-5}
无功功率	1.3239×10^{-4}	2.5767×10^{-5}	2.6637×10^{-5}
功率因子	3.9005×10^{-4}	7.3856×10^{-5}	8.5718×10^{-5}
定子电流	1.9872×10^{-4}	3.0838×10^{-5}	1.0739×10^{-4}
定子电压	—	1.0635×10^{-4}	1.1331×10^{-4}
转子速度	1.0635×10^{-4}	—	1.2210×10^{-6}
励磁电压	1.1331×10^{-4}	1.2210×10^{-6}	—

从表 11.1 可以看到电源车不同传感器之间的互信息熵值,通过最优特征算法的评价函数式(11.2.22)对辅助变量与主导变量之间的互信息熵值进行从大到小的排序,得到辅助变量与主导变量之间相关性的大小依次为定子电压、定子电流、无功功率、功率因子、励磁电压和转子速度。然后选取前 k 个辅助变量依次设定 $k=2$、$k=3$、$k=4$、$k=5$、$k=6$,然后利用不同的 k 值,也就是不同的前 k 个辅助变量作为 ELM 网络的输入,通过 ELM 网络的映射实现主导变量的重构。通过仿真可以得到图 11.2 所示的重构误差箱线图和频域曲线。

从图 11.2(a)的重构误差箱线图可以看到利用不同的前 k 个辅助变量进行主导变量的数据重构时的误差不尽相同,从图中可以明显地看到当 $k=3$ 和 $k=4$ 时,模型的重构值与真实值之间的误差较小,即重构误差较低。与此同时,通过图 11.2(b)所示的不同 k 值下的重构误差频域曲线也可以发现,$k=4$ 时对于主导变量的重构误差频域曲线幅值最低。从而可得,在利用改进后的互信息熵量化评价电源车不同传感器之间相关性的基础上,通过辅助变量的优选,可以得到更为准确的传感器数据重构效果。

通过 11.2.3 节中的算法对辅助变量进行优选同时进行传感器的数据重构。算法的重构精度可以借助相对误差来进行评价,如下式所示

$$相对误差=\frac{\hat{y}-y}{y}\times100\% \tag{11.3.1}$$

其中,$\hat{y}$ 为重构值;y 为实际值。

此时以 $k=6$ 和 $k=4$(即辅助变量没有经过优选时的个数和辅助变量经过优选时的个数)作为传感器数据重构时的输入,得到如图 11.3 和图 11.4 所示的重构结果。

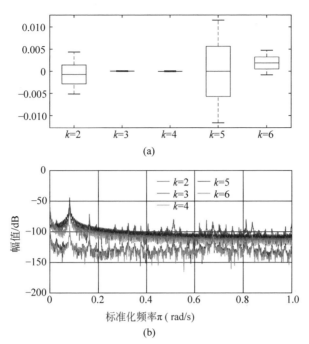

图 11.2 重构误差箱线图和频域曲线(见文后彩图)

(a) 箱线图;(b) 频域曲线

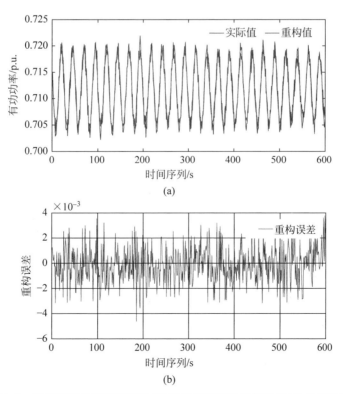

图 11.3 未进行辅助变量筛选时 ELM 重构结果及重构误差(见文后彩图)

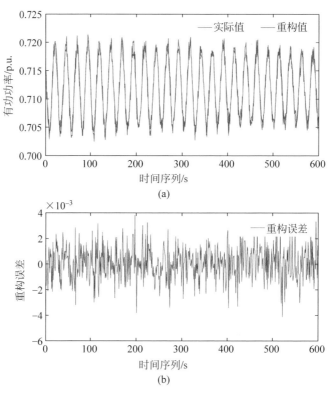

图 11.4　辅助变量筛选前后 ELM 的重构结果及重构误差(见文后彩图)

(a) 重构结果；(b) 重构误差

从图 11.3 和图 11.4 中的传感器重构结果和重构误差可以看到,当利用 $k=4$ 时,也就是辅助变量经过优选后的数据重构时的重构误差的波动范围相对更小。同时我们也可以得到不同辅助变量个数重构时的比对,如表 11.2 所示。

表 11.2　不同辅助变量个数的重构结果对比

算法	k	相对误差/%	重构时间/s
ELM	4	0.14	0.871 69
ELM	6	0.17	1.026 34

从表 11.2 可以明显地看出,当 $k=4$ 时,数据重构相对误差为 0.14%,当 $k=6$ 时,数据重构相对误差为 0.17%,同时,也可以看到 $k=4$ 时,数据重构时间为 0.871 69,低于 $k=6$ 时的 1.026 34。进而可得,在利用改进后互信息熵量化评价传感器相关性的基础上,通过最优辅助变量个数的筛选,能够使电源车传感器数据重构模型获得更低的相对误差及更短的数据重构时间,从而实现电源车故障传感器失效输出快速而准确的数据重构。

11.4　本章小结

为了提高电源车传感器的故障容错能力,本章对故障传感器的失效数据进行重构。同时,为了能够更充分地挖掘不同传感器之间的空间相关性,考虑到互信息熵不依赖于数据序列的特点,在对互信息熵重新改进设计的基础上,量化评价出传感器之间的空间相关性,然后通过辅助变量的筛选,借助 ELM 算法实现故障传感器数据的数据重构,经实验仿真验证,在借助互信息熵辅助变量的筛选后进行的传感器数据重构效果要优于未进行辅助变量筛选时的重构效果,由此说明,互信息熵的引入能够有效提高传感器数据重构的精度。

参考文献

[1]　SHANNON C E. A mathematical theory of communication[J]. The Bell System Technical Journal,1948,27(3): 379-423.

[2]　SHANNON C E. Coding theorems for a discrete source with a fidelity criterion[J]. In IRE National Convention Record,1959,7: 142-163.

[3]　HARTLEY R. Transmission of information[J]. The Bell System Technical Journal,1928, 7(3): 535-563.

[4]　SEKERKA R F. Entropy and information theory[M]. Berlin: Springer,2015.

[5]　OSBORNE J W. Improving your data transformations: applying the Box-Cox transformation[J]. Practical Assessment Research & Evaluation,2010,15(1): 1-10.

[6]　SARMADI H,KARAMODIN A. A novel anomaly detection method based on adaptive Mahalanobis-squared distance and one-class kNN rule for structural health monitoring under environmental effects[J]. Mechanical Systems and Signal Processing,2020,140: 1-24.

第12章

引入注意力机制下的电源车传感器故障检测及数据重构

12.1 引言

前述章节在分别基于 SF-ELM 和 Bi-LSTM 网络建立时间序列预测模型的基础上通过阈值法和 KL 散度的引入,实现了电源车传感器的故障检测。然而,当电源车处于复杂工作环境时,传感器输出数据会包含复杂的信息特征,仅依据单一时间序列预测模型无法更加精确地提取电源车传感器数据的时序特征,从而导致时间序列预测模型局部特征提取存在局限性。因此,为了解决上述所存在的问题,本章在基于 Bi-LSTM 网络建立时间序列预测模型的基础上,考虑引入一种注意力机制,借助注意力机制在处理大量信息时更倾向于关注局部重要特征的性质,弥补传统 Bi-LSTM 网络在电源车传感器时序数据局部特征提取时的问题,在此基础上提出一种具有注意力机制的 Bi-LSTM 时间序列预测模型,然后借助改进后的 KL 散度进行电源车传感器的故障检测。

第 11 章通过引入改进后的互信息熵公式量化评价出传感器之间的空间相关性,进而实现了电源车传感器空间特征的优选,然后借助机器学习进行传感器数据重构,取得了不错的重构效果。然而,互信息熵依旧存在自身无法避免的问题,即相关性计算时输出的不稳定性,所以在互信息熵相关性量化评价的基础上,考虑将注意力机制也引入传感器的数据重构,借助注意力机制良好的局部特征提取能力,将注意力机制的空间特征提取结果与互信息熵相关性量化评价的结果相结合,进一步优化传感器之间空间特征的提取,使得传感器的数据重构更为精确稳定,提高电源车传感器的故障容错能力,进而有效降低电源车系统发生事故的概率。

12.2　基于注意力机制的传感器故障检测和数据重构方法

12.2.1　注意力机制相关理论

注意力是人类大脑中必不可少的一种复杂认知功能[1]。其提高了人类的工作效率,因为在面对大量需要解决的事情时,人类不倾向于一次性处理完整的信息和事情。相反,人们大多会倾向于在需要的时候和地方选择性地关注一部分自己觉得重要的信息,但同时也会忽略其他自己觉得无关紧要的信息。注意力机制可以理解为一种资源配置方法,是解决人类大脑面对超载问题时的重要解决途径。它可以在大脑或者计算机面临海量信息时,优先解决自认为更加重要的信息。人类在利用视觉感知周边事物时,通常不会看到周边所有的人和外界环境,而是根据自己的需要观察并注意特定的一些事物。比如,当一个人开车时,他可能更加注意前方道路的车辆信息,而不会观察路两边有哪些建筑物等,这就是注意力机制的作用。

注意机制大大提高了知觉信息加工的效率和准确性。人的注意机制可以根据其产生方式分为两类。第一类是自下而上的无意识注意,称为显著性注意,它是由外部刺激驱动的。第二类是自上而下的有意识注意,称为集中注意。集中注意力指具有预定目的并依赖于特定任务的注意力。它使人类能够有意识地、主动地将注意力集中在某一特定物体上。本章所介绍的注意机制指集中注意。目前,国内外部分学者开始考虑注意力机制在机器学习领域的应用,并取得了一定的成果[2-3]。注意力机制在如今的机器学习领域尤其在海量图像处理和语言翻译领域得到了越来越多人的关注。也有学者将注意力机制用于故障诊断和软测量等。注意力机制的实现过程可分为两个步骤:一是计算输入时间序列中信息的注意分布,二是根据注意分布计算上下文向量。图 12.1 为注意力机制的模型。

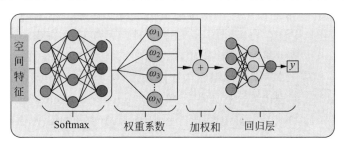

图 12.1　注意力机制的模型

当 $t-1$ 时刻的高维样本经卷积神经网络(convolutional neural network,

CNN)特征提取后,得到维度为 n 的隐含层输出 $\boldsymbol{v}_p=[v_1,v_2,\cdots,v_t]$,计算注意力值 e_i,公式为

$$e_i=h_i\tanh(\omega_i v_i+b_i)\quad 1\leqslant i\leqslant t \tag{12.2.1}$$

其中,h_i、ω_i 分别为网络待学习的参数;b_i 为待学习的偏置。

通过 Softmax 函数求解时间序列数据不同时间步所占的信息注意力权重,Softmax 函数是一个限制,即对于任意一个 ω,都有 Softmax$(\omega)>0$,w_i 为

$$w_i=\text{Softmax}(e_i)=\frac{\exp(e_i)}{\sum\limits_{i=1}^{t}\exp(e_j)}\quad 1\leqslant i\leqslant t \tag{12.2.2}$$

从而得到加权状态 c_j 为

$$c_j=\sum_{i=1}^{t}w_i v_i\quad 1\leqslant j\leqslant l \tag{12.2.3}$$

其中,$l=n-b-p+1$ 为多维样本数量。然后将 c_j 代入回归层求解预测值 y_i。

在注意力机制模型中,首先根据神经网络将源数据进行特征提取,称为 K。K 可以根据所要研究的任务用各种神经结构提取并表示。由于 CNN 在处理高维的时空相关数据时,可以充分提取到时间序列数据不同时间步之间的相关性,以及不同维度数据之间的空间相关性信息,因此,本章选择一维的卷积网络来抽取电源侧传感器数据时空特征信息,因为用全连接神经网络处理高维数据时有以下明显的缺点:网络参数过多导致训练效率低下,同时大量的网络参数也会使训练过程出现过拟合现象。

12.2.2   时间注意力机制下的传感器故障检测

基于以上论述,本节提出了一种具有注意力机制的 Bi-LSTM 的传感器时间序列预测模型。该模型较好地反映了传感器历史输出与预测输出之间的关系。采用注意力机制构建 Bi-LSTM 神经网络的深度,其结构模式不同于标准 LSTM 神经网络的展开方式。注意力机制是在每个 Bi-LSTM 单元的输出层上建立长期依赖模型。该方法通过直接有效的传感器预测来建立时间序列的长期相关性模型。同时,该模型利用各环节的输出进行传感器输出预测。注意力机制的应用使得所提出的模型比没有利用注意力机制的 Bi-LSTM 神经网络更能捕获输入序列中更重要的部分。基于注意力机制的 Bi-LSTM 时间序列预测(temporal attention based Bi-LSTM,TA-Bi-LSTM)模型体系结构如图 12.2 所示。

TA-Bi-LSTM 模型由 CNN、Bi-LSTM、TA(temporal attention)和回归层 4 个网络连接而成。首先,CNN 对电源车传感器输出的时间序列 $X=(X_1,X_2,\cdots,X_L)$ 进行卷积,提取时间关联特征 f,t 为特征步长;其次,将 f 输入 Bi-LSTM。f 仍有时序性且比原始的传感器输出数据更平滑,Bi-LSTM 对其建模,挖掘时间尺度上的长期依赖性,学习各时间步的隐含层输出 $h_j=\{h_1,h_2,\cdots,h_t\}_j$;再次,采

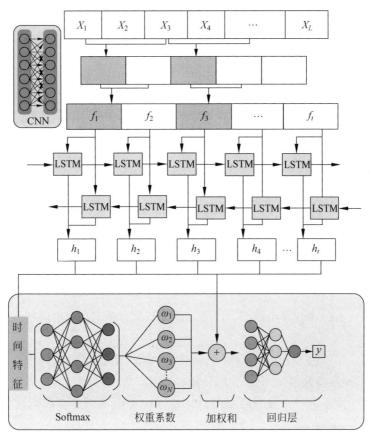

图 12.2　基于注意力机制的 Bi-LSTM 时间序列预测模型体系结构

用注意力机制 TA 覆盖 h_j，根据时间序列中不同时间步上动态数据特征的重要程度进行注意权重的分配 $\omega_j = \{\omega_1, \omega_2, \cdots, \omega_t\}_j$，并以加权和 $c_j = \sum\limits_{i=1}^{t} w_i v_i$ $1 \leqslant j \leqslant l$ 作为最终表达；最后，将 c_j 展开并输入回归层神经网络，求解预测值 y_i。Bi-LSTM 模型是通过迭代调整其模型参数来优化训练的，使传感器测量输出数据 $y = [y_1, y_2, \cdots, y_L]$ 与预测数据 $\hat{y} = [\hat{y}_1, \hat{y}_2, \cdots, \hat{y}_L]$ 之间的差值的损失函数最小。初始化模型参数后，通过时间反向传播（BPTT）算法对 Bi-LSTM 模型进行训练。对于每次迭代，BPTT 算法包括 3 个步骤：前向传递、后向传递和参数更新。在后向传递中，以输出值与真实值之间的偏差，即代价函数作为不断优化的目标，采用梯度下降算法不断最小化代价函数来完成。基于注意力机制的传感器故障检测涉及两个阶段：离线建模阶段和在线故障检测阶段。首先，在离线建模阶段采集电源车平台的历史数据。利用注意力机制提取传感器的时间相关特征，在线故障检测阶段收集新的测试样本，利用改进后的 KL 散度算法计算预测数据与观测数据的相关性，判断传感器是否发生故障，具体步骤如下。

算法 12.1 时间注意力机制下的传感器故障检测。

1) 离线建模阶段

步骤 1 从历史数据库中收集传感器正常工况下的数据作为训练数据并进行标准化。

步骤 2 利用标准化后的数据借助注意力机制通过时间特征提取构造新的时间序列,然后进行 TA-Bi-LSTM 网络的训练,使损失函数最小。

步骤 3 利用训练好的 TA-Bi-LSTM 网络预测未来 $m+h$ 步的预测输出 $P(m+h)$。

步骤 4 利用改进后的 KL 散度计算预测状态 $P(m+h)$ 与传感器正常输出状态数据集之间的距离。

2) 在线检测阶段

步骤 1 收集在线测试数据,并根据训练数据进行缩放。

步骤 2 计算 TA-Bi-LSTM 网络预测输出与实际观测数据在移动窗口内的 KL 散度。

步骤 3 然后将计算出的 KL 散度与正常传感器的 KL 散度进行对比,从而判断传感器是否发生故障。

步骤 4 当传感器新的采样时刻到来时,更新状态时间序列 P_X^*,将其输入 TA-Bi-LSTM 模型得出预测状态 $P(m+h+1)$。

步骤 5 再次进行步骤 2 的操作,从而判断传感器是否发生故障。

12.2.3 互信息熵和注意力机制融合后的传感器数据重构

在实现了单个传感器故障检测的基础上,借助改进后的互信息熵量化评价不同传感器之间的空间相关性,但互信息依旧存在自身无法避免的问题,即相关性计算时的稳定性比较差,所以在互信息相关性度量的基础上,将注意力机制引入传感器的数据重构不失为一种选择,通过借助注意力机制良好的局部特征提取能力,将注意力机制的特征提取结果与互信息相关性度量的结果相融合,进一步优化传感器之间空间特征提取,然后通过最优特征提取,选取与故障传感器相关性最高的辅助变量个数对失效数据进行准确重构。注意力机制的引入使得电源车传感器的数据重构结果更为精确和稳定,有效降低电源车系统发生事故的概率。基于互信息熵和注意力机制的传感器数据重构模型如图 12.3 所示。

数据重构模型由 CNN、TA 和互信息熵模块构成。首先,利用单层的 CNN 对电源车传感器输出的多维数据进行卷积,提取空间关联特征;然后将提取到的不同传感器之间的空间特征作为注意力机制的输入,经过注意力机制进行不同传感器输出数据的特征权重的计算,然后引入改进后的基于互信息熵量化评价出的传感器空间相关性,由前述章节可以知道互信息熵公式为

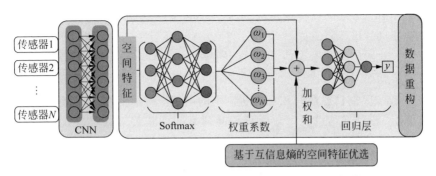

图 12.3　基于互信息熵和注意力机制的传感器数据重构模型

$$I(S_i, S_j) = H(S_i) - H(S_i \mid S_j)$$

$$= \frac{n}{2}(1 + \ln(2\pi)) + \frac{1}{2}\ln|\boldsymbol{\Sigma}_{S_i}| - \left[\frac{n}{2}(1 + \ln(2\pi)) + \frac{1}{2}\ln|\boldsymbol{\Sigma}_{S_i|S_j}|\right]$$

$$= \frac{1}{2}(\ln|\boldsymbol{\Sigma}_{S_i}| - \ln|\boldsymbol{\Sigma}_{S_i|S_j}|)$$

$$= \frac{1}{2}\ln\frac{|\boldsymbol{\Sigma}_{S_i}|}{|\boldsymbol{\Sigma}_{S_i|S_j}|} \tag{12.2.4}$$

根据式(12.2.4)计算出不同传感器之间的互信息熵值如图 12.4 所示。

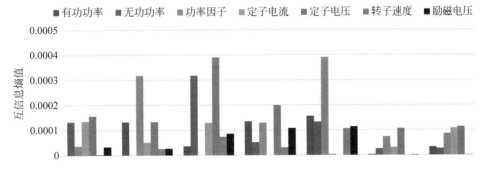

图 12.4　不同传感器之间的互信息熵值(见文后彩图)

　　从图 12.4 可以看到不同传感器数据变量之间的互信息熵值,当以有功功率为主导变量时,引入最优特征(best individual feature,BIF)算法对无功功率、功率因子、定子电流、定子电压、转子速度和励磁电压相关辅助变量进行评价函数的计算。评价函数 BIF 算法如下所示

$$J(S_i) = I(S_i, c) \tag{12.2.5}$$

其中,$S_i \in F$ 表示辅助变量;c 表示主导变量。

　　然后依据函数值大小选择前 k 个辅助变量,得到与主导变量相关性较高的辅助变量的排序从大到小依次为定子电压、定子电流、无功功率、功率因子、励磁电压和转子速度。

借助互信息熵的特征提取及优选后，引入注意力机制的空间特征提取结果，一起对辅助变量的进行降维处理，利用两种方法结合后筛选出的辅助变量作为电源车空间相关预测模型的输入，实现故障传感器失效数据的有效重构，具体的传感器数据重构步骤如下所示。

算法 12.2　互信息熵和注意力机制下的电源车传感器数据重构算法。

步骤 1　借助互信息熵量化评价传感器之间的相关性，并借助 BIF 进行特征优选。

步骤 2　首先利用 CNN 提取传感器之间的空间特征，然后引入注意力机制进行空间特征权值的计算。

步骤 3　将互信息熵进行空间特征优选的结果与注意力机制权值计算的结果结合，进行辅助变量的筛选。

步骤 4　将筛选出的前 k 个辅助变量作为 ELM 网络的输入，主导变量输出作为 ELM 的输出，进行电源车数据重构模型的训练。

步骤 5　以传感器实时记录的辅助变量作为传感器数据重构模型的输入，经过重构模型的映射实现失效数据的重构。

步骤 6　通过比较不同前 k 个值所计算出的主导变量时的相对误差，判断其是否达到传感器最低拟合误差，若实现则终止循环，否则回到步骤 2。

12.3　仿真实验与结果分析

12.3.1　引入注意力机制下的电源车传感器故障检测

引入注意力机制对电源车传感器输出的时间序列数据进行重要时间步特征信息的提取，然后利用特征提取后的时间序列，创建 Bi-LSTM 回归网络。此时，输入一维，输出一维，随机梯度优化算法选择常用的 Adam，时序预测模型建立时的迭代次数设为 40 次，同时为了防止预测模型训练时容易出现的梯度爆炸问题，将梯度阈值设置为 1，指定初始学习率 0.005，在 20 次迭代后通过乘以因子 0.02 来降低网络训练时的学习率。该模型较好地反映了传感器历史输出与预测输出之间的关系。为了说明 TA-Bi-LSTM 网络相较于 Bi-LSTM 网络对时间序列数据具有更好的预测性能，使用电源车传感器输出的时序数据作为训练数据集分别对 TA-Bi-LSTM 网络及 Bi-LSTM 进行训练。如图 12.5 所示为两种模型训练时的损失函数，图 12.6 为不同模型预测时的预测误差。

由图 12.5 可以看出 Bi-LSTM 与 TA-Bi-LSTM 模型训练稳定后，其损失函数分别为 0.0025 和 0.0018，TA-Bi-LSTM 模型不仅损失函数更低，而且收敛速度也快于 Bi-LSTM 模型，由图 12.6(b) 可以看出引入注意力机制后的 TA-Bi-LSTM 模型预测时的误差波动范围小于图 12.6(a) 中未引入注意力机制的预测模型的误差

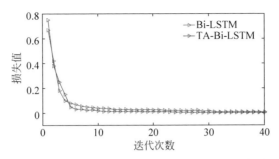

图 12.5　两种模型训练时的损失函数(见文后彩图)

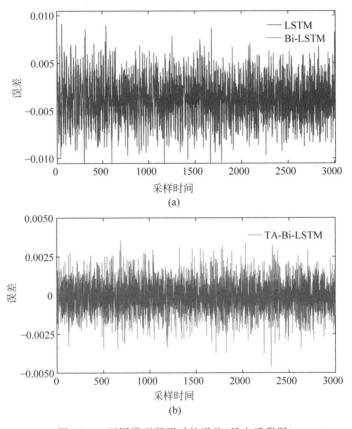

图 12.6　不同模型预测时的误差(见文后彩图)

波动范围。由此可以得到,注意力机制的引入能够使时间序列预测模型具有更强的时序学习能力和更好的时序记忆能力。

在利用 TA-Bi-LSTM 建立时间序列预测模型的基础上,同样借助式(12.3.1)计算传感器实际输出与预测模型输出之间的相似性,实现传感器的故障检测

$$D_L(f_{X_i}(s) \parallel f_{X_i}^{f_1}(s)) = \frac{1}{2}\ln\frac{|\boldsymbol{\Sigma}_{X_i}|}{|\boldsymbol{\Sigma}_{X_i}^{f_1}|} = \frac{1}{2}\ln\left|\frac{\sum\limits_{m+s}^{m+L+s} X_i}{\sum\limits_{m+s}^{m+L+s} X_i^{f_1}}\right| \tag{12.3.1}$$

在考虑传感器发生固定偏差故障、漂移偏差故障和精度下降这 3 类故障时,通过计算传感器不同状态时与正常传感器之间的 KL 散度,得到图 12.7 所示的传感器不同故障时的 KL 散度。

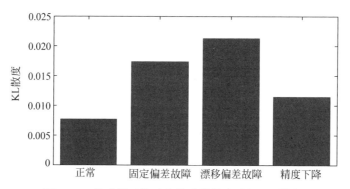

图 12.7　传感器正常时和传感器故障时的 KL 散度

从图 12.7 可以看出,在引入注意力机制建立 TA-Bi-LSTM 时间序列预测模型的基础上,通过借助改进后的 KL 散度对不同概率分布之间相似性的高敏感度作为电源车传感器故障监测指标,可以看出当传感器分别发生固定偏差故障、漂移偏差故障和精度下降时,不同故障表现出来的 KL 散度也不相同,从而可以得到KL 散度对于电源车传感器具有良好的故障检测效果。

12.3.2　引入注意力机制下的电源车传感器数据重构

在借助互信息熵筛选辅助变量,建立电源侧数据重构模型的基础上,引入注意力机制进行空间特征的优选,将优选结果与互信息熵优选的结果相结合,经过融合筛选辅助变量后,通过 ELM 进行传感器的数据重构。图 12.8 所示为基于互信息熵筛选辅助变量下的传感器数据重构结果,图 12.9 所示为基于注意力机制和互信息熵融合下的传感器数据重构结果。

从图 12.8 和图 12.9 可以看出,在互信息熵进行辅助变量筛选的基础上,引入注意力机制进行空间特征提取,然后将二者筛选的结果融合的情况下,传感器的数据重构精度有了一定的提高,通过表 12.1 也可以看出在没有进行辅助变量筛选时的传感器重构相对误差为 0.17%,在经过互信息熵筛选辅助变量后的数据重构时的相对误差降为 0.14%,同时预测时间也有所降低,而基于 TA 和互信息熵共同筛选辅助变量后的空间相关子模型的相对误差为 0.11%。由此说明,注意力机制和

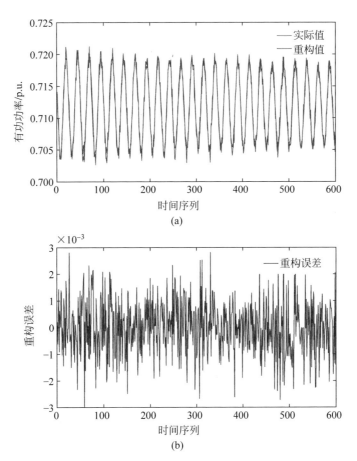

图 12.8 互信息熵筛选辅助变量后 ELM 重构结果及重构误差(见文后彩图)

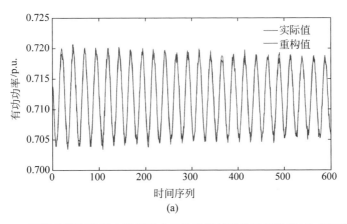

图 12.9 互信息熵和注意力机制融合后的重构结果及重构误差(见文后彩图)

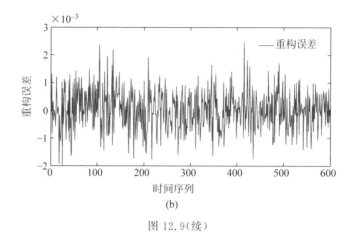

图 12.9(续)

互信息熵的引入能够有效提高电源车传感器的数据重构精度,从而间接保障了电源车的正常运行。

表 12.1 不同特征优选后的重构结果对比

算法	辅助变量筛选	相对误差/%	预测时间/s
ELM	无	0.17	1.0265
ELM	互信息	0.14	0.8716
ELM	TA+互信息	0.11	0.9205

12.4 本章小结

本章针对电源车传感器故障检测与数据重构问题,在借助 Bi-LSTM 网络建立电源车传感器时间序列预测模型的基础上,为了更加有效地实现传感器异常检测,将注意力机制引入 Bi-LSTM 网络提高了时序特征信息的提取能力,进而提出了一种基于注意力机制的 Bi-LSTM 时间序列预测模型,然后借助改进后的 KL 散度作为传感器故障检测指标,利用电源车仿真系统所采集的数据对传感器进行故障检测,仿真结果表明:相较于 Bi-LSTM 时间序列预测模型,基于注意力机制的 Bi-LSTM 时间序列预测模型与 KL 散度的配合下的传感器故障检测方法整体性能更优。

同时,在借助互信息熵进行空间相关性量化评价,并利用 ELM 实现传感器数据重构的基础上,将注意力机制引入了传感器的数据重构,通过与互信息熵筛选结果的结合,提出了一种基于注意力机制和互信息熵相结合的电源车传感器数据重构方法,同样经过仿真实验验证可得:注意力机制的引入有效提高了传感器数据重构的精度。

参考文献

[1]　CORBETTA M,SHULMAN G L. Control of goal-directed and stimulus-driven attention in the brain[J]. Nature Review Neuroscience,2002,3(3)：201-215.

[2]　王亚朝,赵伟,徐海洋,等.基于多阶段注意力机制的多种导航传感器故障识别研究[J].自动化学报,2021,47(12)：2784-2790.

[3]　蒋珂,蒋朝辉,谢永芳,等.基于动态注意力深度迁移网络的高炉铁水硅含量在线预测方法[J].自动化学报：2023,49(5)：946-963.

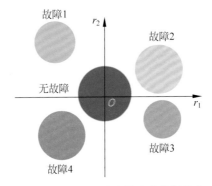

图 2.2 不含测量噪声的残差数据分布

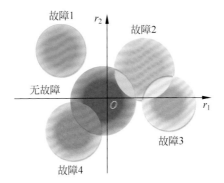

图 2.3 含有测量噪声的残差数据分布

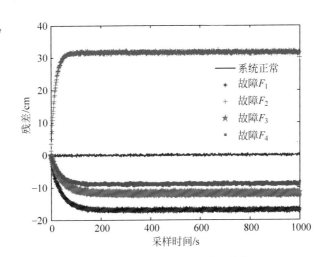

图 2.6 测量噪声下系统残差曲线

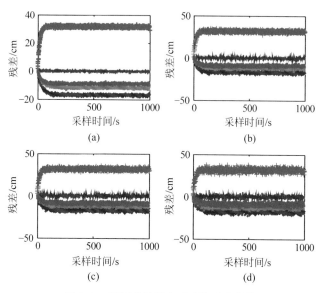

图 2.7 不同测量噪声下系统残差曲线

（a）$w \sim N(0,0.5)$；（b）$w \sim N(0,0.8)$；（c）$w \sim N(0,1.2)$；（d）$w \sim N(0,1.5)$

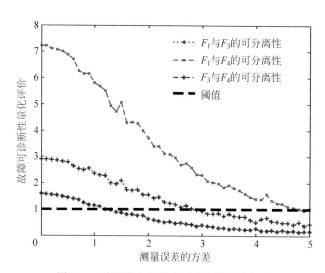

图 2.8 测量噪声下故障可分离性量化评价

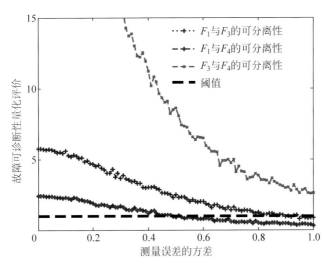

图 2.9　微小故障下故障可分离性量化评价

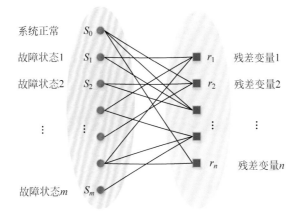

图 3.1　系统运行状态与残差变量映射关系

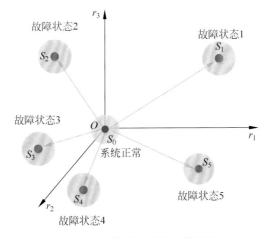

图 3.2　系统残差变量三维空间

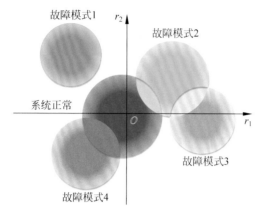

图 3.3　二维空间下残差数据分布

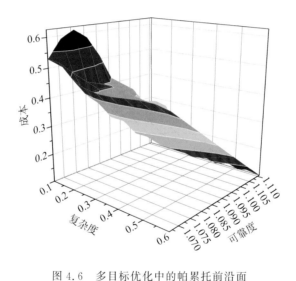

图 4.6　多目标优化中的帕累托前沿面

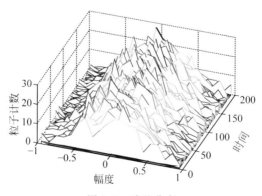

图 6.1　残差分布

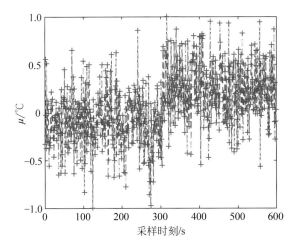

图 8.1   残差数据

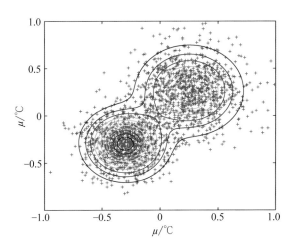

图 8.2   残差数据二维分布

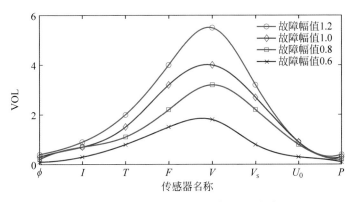

图 9.4   不同故障幅值下的信息值曲线(故障 f_κ)

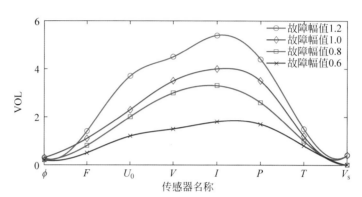

图 9.5　不同故障幅值下的信息值曲线(故障 f_v)

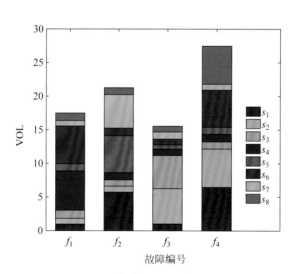

图 9.9　不同传感器对应的信息值变化

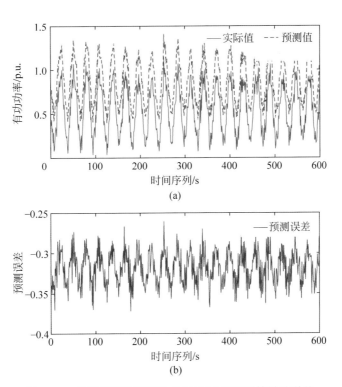

图 10.7　传感器正常工作时 OS-ELM 的预测结果及误差

（a）预测值；（b）预测误差

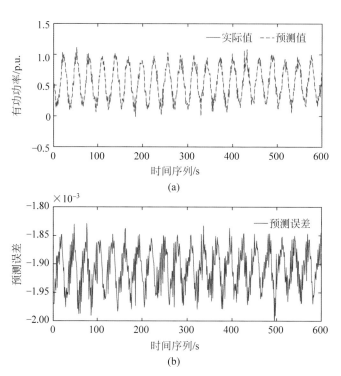

图 10.8 传感器正常工作时 SF-ELM 的预测结果及误差

(a) 预测值；(b) 预测误差

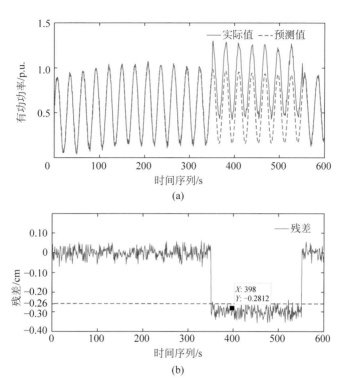

(a)

(b)

图 10.9　有功功率传感器发生固定偏差故障时的预测结果及残差

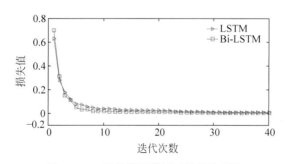

图 10.10　两种模型训练时的损失函数

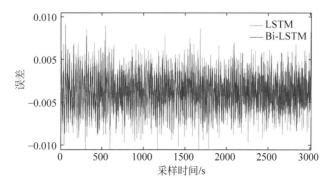

图 10.11　两个模型预测时的误差

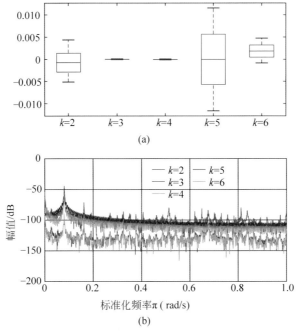

(a)

(b)

图 11.2 重构误差箱线图和频域曲线

(a) 箱线图；(b) 频域曲线

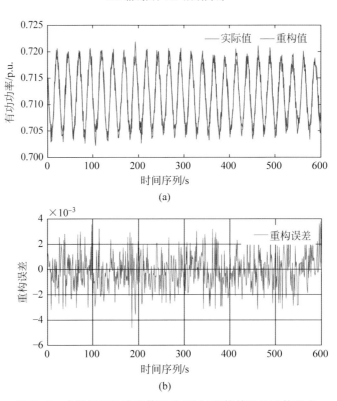

(a)

(b)

图 11.3 未进行辅助变量筛选时 ELM 重构结果及重构误差

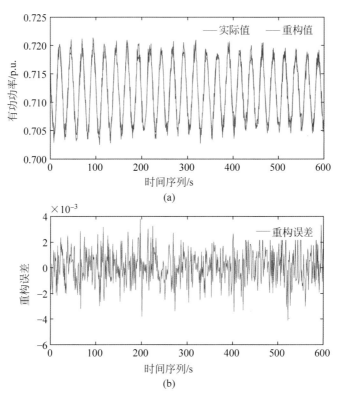

(a)

(b)

图 11.4 辅助变量筛选前后 ELM 的重构结果及重构误差

(a) 重构结果；(b) 重构误差

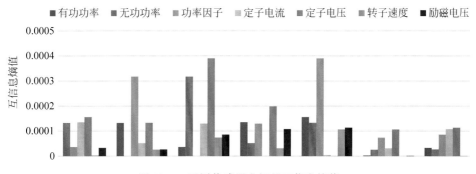

图 12.4 不同传感器之间的互信息熵值

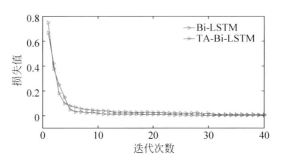

图 12.5 两种模型训练时的损失函数

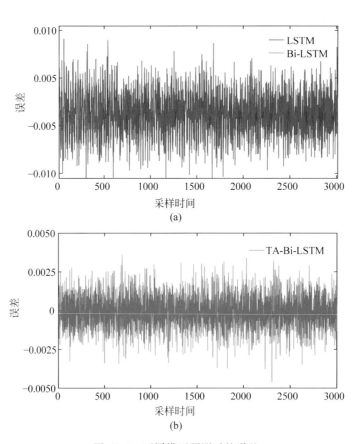

(a)

(b)

图 12.6 不同模型预测时的误差

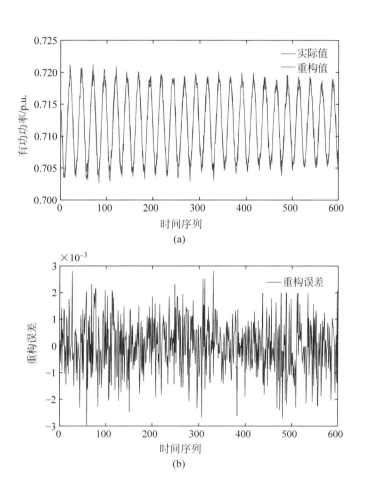

图 12.8 互信息熵筛选辅助变量后 ELM 重构结果及重构误差

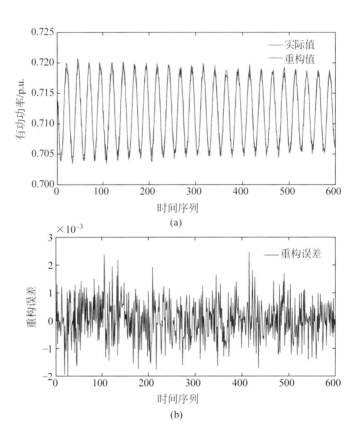

图 12.9 互信息熵和注意力机制融合后的重构结果及重构误差